U0184777

"消耗最少的能源资源，营造最佳的人工环境"，
暖通燃气人一直在路上！

WOGUO NUANTONG RANQI XUEKE FAZHAN LICHENG
YU XUEFENG CHUANCHENG
1949—2020

我国暖通燃气学科
发展历程与学风传承

张承虎 刘 京 谭羽非 王海燕 编

哈尔滨工业大学出版社

内 容 简 介

本书主要包含五部分内容:第一部分对我国的暖通燃气学科进行整体概述;第二部分从学科启蒙阶段、奠基阶段、壮大阶段和创新发展阶段这四个历史时期,对我国暖通燃气学科的发展历程进行了梳理和详细介绍;第三部分从专业的就业方向和主要高校的办学特色方面介绍了学科内涵领域的变迁和未来发展趋势;第四部分从学风传承角度介绍了我国暖通燃气学科名家大师的感人故事和奉献精神;第五部分以附录的形式整理了我国暖通燃气学科主要高校在教学科研方面取得的丰硕成果。

本书可作为暖通燃气学科专业通识教育的教学参考书或学科发展历史研究的参考书。

图书在版编目(CIP)数据

我国暖通燃气学科发展历程与学风传承/张承虎等编. 一哈尔滨:哈尔滨工业大学出版社,2021.10
ISBN 978-7-5603-9692-7

Ⅰ.①我… Ⅱ.①张… Ⅲ.①房屋建筑设备-学科发展-概况-中国 Ⅳ.①TU8-40

中国版本图书馆 CIP 数据核字(2021)第 200363 号

WOGUO NUANTONG RANQI XUEKE FAZHAN LICHENG YU XUEFENG CHUANCHENG

策划编辑	王桂芝 张 荣	
责任编辑	苗金英	
出版发行	哈尔滨工业大学出版社	
社　　址	哈尔滨市南岗区复华四道街 10 号　邮编 150006	
传　　真	0451-86414749	
网　　址	http://hitpress.hit.edu.cn	
印　　刷	哈尔滨市石桥印务有限公司	
开　　本	787 mm×1 092 mm　1/16　印张 15.75　字数 312 千字	
版　　次	2021 年 10 月第 1 版　2021 年 10 月第 1 次印刷	
书　　号	ISBN 978-7-5603-9692-7	
定　　价	88.00 元	

苏联专家A.A.约宁先生与哈工大的学生们

苏联专家B.X.德拉兹道夫在哈工大为学生们上课

1950级哈尔滨工业大学按苏联教育计划培养的本科5年制第一届毕业生与苏联专家A.A.约宁合影

1951级哈尔滨工业大学供热、供煤气及通风专业学生毕业合影

西安动力学院暖气卫生工程系首届毕业师生合影 1957.8.

西安建筑工程学院卫工系（现西安建筑科技大学供热、供燃气、通风及空调工程专业）首届毕业师生合影

湖南大学第一届暖通毕业生毕业合影

全国人民公社采暖研究会议留影 1960.04.25-29. 哈尔滨

1960年全国人民公社采暖研究会议哈尔滨留影

哈尔滨工业大学暖通燃气学科老一辈教师合影（前排左起第四位是徐邦裕教授）

暖通燃气学科第一位博士朱业樵答辩合影

哈尔滨工业大学暖通燃气学科第一位外籍博士后出站答辩合影

前　　言

　　暖通燃气学科是一个内涵丰富的学科,它源起于建筑,立足于建筑,其核心要素是环境营造和能源应用;它精于设备研发与应用,但是更注重系统的优化构建与调控;它包含了供热工程、通风工程、燃气工程,还包含了制冷空调工程、防火消防工程、医疗洁净工程、工艺环境工程、暖燃系统控制工程、建筑节能与新能源利用、区域能源规划、区域微气候规划等。

　　暖通燃气学科是一个内核鲜明的学科,它将环境营造与能源应用熔炼归一;它追求以最小的能源消耗和污染排放,通过复杂系统工程和智慧运营,营造健康舒适的人居环境和特殊高精的工艺环境;它科学合理地利用能源和开发新能源,构建可持续发展的城市能源系统,以建筑环境能耗为支点推动国家能源健康安全发展。虽然专业的名称几经修改,学科的内涵一直在变迁和扩充,不同高校都有自己独特的办学特色和优势领域,但是学科内核的统一认知,保证了学科在历史变迁中始终"形散而神不散",团结了我国社会主义建设各个领域的暖通燃气人,强化了暖通燃气人的归属感和自豪感。

　　暖通燃气学科是一个古老的学科,它具有悠久的历史。具有现代科学意义的暖通燃气学科起始于 20 世纪初,距今已有一百多年的发展历史。1949 年共和国成立伊始,我国第一个暖通燃气专业(当时为采暖通风方向)诞生在被称为"共和国长子"的哈尔滨、被美誉为"工程师摇篮"的哈尔滨工业大学。因此暖通燃气学科是与祖国同呼吸共成长的涉及国计民生之本的学科。在 70 余年间的发展历程中,我国暖通燃气学科取得了一项又一项辉煌的成就,培养和涌现出一批又一批像徐邦裕、彦启森、郭骏、何钟怡、李猷嘉、江亿、刘加平、温强为、陈在康、陈沛霖、田胜元、徐伟、罗继杰、李百战、李先庭、李安桂等一样的杰出人才和科学大师。处于当今世界百年未有之大变局的当口,乘着国家"双碳目标"规划和发展的东风,暖通燃气学科必须面向中华民族实现伟大复兴的战略全局,面向国际科学前沿,面向一流学科建设和人才培养,继续不忘初心、坚定前行。

　　本书得到了中国科学技术协会 2020 年度"学风建设资助项目"的大力支持,对我国暖通燃气学科的起源历史和壮大历程,特别是不同高校办学特色和学科内涵演变进行了深度解析,整理了主要高校的教学科研成果和人才培养成效,梳理了早期暖通燃气学科的人物谱系,希望通过名家大师的成长历程和感人故事,展现名家大师的人格魅力和奉献精神,凝练暖通燃气学科学风,达到宣扬和传承优秀学风的目的。

　　学科发展历史研究与学风凝练是一项长期持续、工作量巨大的工作。由于时间仓促,篇幅紧缩,编者水平和经验有限,书中难免有不妥和不完善之处,恳请读者批评指正。

2021 年 6 月

目　　录

第一章 学科概况

第一节　专业设置

1952年，我国高校开始创办供热、供燃气、通风及空调工程专业，当时的专业名称为"供热、供煤气及通风"。1998年该专业名称由"供热、供燃气、通风及空调工程"改为"建筑环境与设备工程"。2012年该专业更名为"建筑环境与能源应用工程"。

该专业培养从事工业与民用建筑环境控制技术领域的工作，具有暖通空调、燃气供应、建筑给排水等公共设施系统以及建筑热能供应系统的设计、安装、调试运行能力，具有制定建筑自动化系统方案的能力，具有初步的应用研究与产品开发能力，能够在设计、研究、安装、物业管理以及工业生产企业等单位从事技术、经营与管理工作的高级工程技术人才。

第二节　专业的产生背景

1949年以前，集中供暖和空调系统可谓是凤毛麟角，其工程的设计与安装大都被一些洋行垄断。中华人民共和国成立以后，开始了有计划的大规模的经济建设，为了满足国家建设对大量专业人才的需求，国家对全国高等学校进行了一次大规模的院系调整，暖通空调高等专业（简称暖通专业）教育应运而生。它为国家培养了大批人才，这些人才成了我国庞大的暖通空调专业队伍中的中坚力量。

1952年，我国高等学校开始创办暖通专业，当时正式的专业名称为"供热、供煤气及通风"。暖通专业创办初期，由于没有经验，教学计划、课程设置、教学环节安排、教学大纲基本上是参照苏联模式的，教材方面也是把苏联的教材翻译过来使用，来不及翻译的则由哈尔滨工业大学影印原版书作为内部资料供各校教师参考自编讲义。经过几年实践，发现了不少问题，积累了不少经验。直到1963年，暖通专业经历了一次规范化的调整。在建筑工程部的领导下，成立了"全国高等学校供热、供煤气及通风专业教材编审委员会"，负责制订暖通专业全国统一的"指导性"教学计划和各门课程及实践性教学环节的教学大纲，并在此基础上组织编审了一整套暖通专业适用的"全国统编教材"。这成了以后教材建设和教学改革的新起点,为进一步探索有中国特色的专业发展奠定了基础。

中共十一届三中全会以后,经济的发展也推动着文化教育事业的发展。1978年,有十多所院校招收暖通专业硕士研究生,其中暖通学科有三所院校获得了博士学位授予权并建立了博士后科研流动站。1995年,按国家教育委员会要求将暖通和燃气专业合并为一个专业,根据教育部1998年颁布的全国普通高等学校本科专业目录,将"供热通风与空调工程"和"燃气工程"两个专业进行调整、拓宽,组建建筑环境与设备工程专业。

第三节　专业的发展历程

为了培养专业的师资队伍,高等教育部(简称高教部)1952年首先在哈尔滨工业大学招收研究生,第一届研究生都是从全国各地抽调来的青年教师(郭骏、温强为、陈在康、方怀德和张福臻),他们先在预科专门学习一年俄语,以便为直接向苏联专家学习做准备。1953年,第一位应聘的苏联暖通专家 B. X. 德拉兹道夫和他的中国研究生在哈尔滨工业大学组成了第一个暖通教研室。哈尔滨工业大学还抽调了5名本科生(路煜、贺平、盛昌源、武建勋和刘祖忠)跟研究生一起学习。研究生的主要任务就是以苏联的供热、供煤气及通风专业为模式,边学边干,在我国创办这个专业。从教学计划、课程设置到每一个教学环节的安排和要求,从实验室到教材的建设,还有主要专业基础课和专业课的教学内容,都要一一学习。他们一边听苏联专家讲课,一边给本科学生讲课;一边自己做课程设计、毕业设计,一边指导本科生做设计,同时还要在专家指导下设计专业实验室,准备开始教学实验。为了扩大专业师资队伍,高教部又从全国各地抽调了一批教师来进修,他们没有时间再先学习一年俄语,只好通过研究生间接向苏联专家学习。这些人后来都成为各高校创建暖通专业的中坚力量,如叶龙、于广荣、王建修、吴增菲、郁履方等。此后,高教部在哈尔滨工业大学继续招收了几届这样的研究生,陈沛霖、田胜元等暖通专业著名教授都是从这些研究生班毕业的。

1952年,我国高校设立了第一批供热、供煤气及通风专业,除哈尔滨工业大学以外,还有清华大学、同济大学和东北工学院(现东北大学)。哈尔滨工业大学和东北工学院于1952年除招收本科一年级学生外,还同时从别的专业抽调一部分学生直接进入暖通专业二年级学习。当时哈尔滨工业大学不算一年预科的话,本科为5年制,而东北工学院本科为4年制,所以东北工学院1955年本专业毕业的第一届本科生就成为我国该专业最早毕业的本科生,哈尔滨工业大学的暖通专业第一届本科生毕业于1956年。1952年清华大学和同济大学分别招收了一届 2 年制的专科生,于 1954 年毕业,并于 1953 年开始招收本科生,同济大学当时为 4 年制,首届暖通专业本科生毕业于 1957 年,而清华大学为 5 年制,首届暖通专业本科生毕业于 1958 年。1955 年以后哈尔滨工业大学培养出来的研究生和进修生开始分赴各地,从事暖通专业的创建工作,除一部分充实第一批 4 所院校的师资外,温强为、张福臻、王建修、陈在康分别在天津大学、太原工学院、重庆建筑工程学院和湖南大学负责筹划创建新的暖通专业学科点,除湖南大学直到 1958 年才正式成立外,其他 3 所院校均在 1956 年成立了暖通专业。这就是高校同行中常说的“暖通专业老八校”。后来哈尔滨工业大学的土木系单独建立了哈尔滨建筑工程学院(1994 年更名为哈尔滨建筑大学,2000 年与哈尔滨工业大学合并),其暖通专业也就随同调整到了哈尔滨建筑工程学院。东北工学院的建筑系调整到西安冶金建筑学院,也就是现在的西安建筑科技大学,其暖通专业也随同调整。重庆建筑工程学院和太原工学院则分别改名为重庆大学和太原理工大学。

经过半个多世纪的发展,目前我国有暖通专业的高校已经有 190 多家,不断地为社会和相关企业提供新鲜的人才血液,暖通领域的正能量不断提升。

第二章　专业史记

第一节　学科启蒙阶段(1948～1951年)

1948 年

教育发展

1948 年至 1949 年间,哈尔滨工业大学土木建筑系分为建筑专业(铁路桥涵、建筑方向)和铁路道路专业(铁路道路、采暖通风、给水排水及铁路勘测方向)。哈尔滨工业大学采暖通风专业始于 1949 年哈尔滨工业大学土木建筑系铁路道路专业的采暖通风方向。

1950 年

教育发展

哈尔滨工业大学土木系分出房屋建筑和卫生工程两个专业。

1951 年

教育发展

哈尔滨工业大学土木系细化为房屋建筑、厂房建筑、暖气工程、上下水道及水利工程等多个专业。

河北建筑工程学院的建筑环境与能源应用工程专业开设于 1951 年,同年开始招收第一届专科学生。

中华人民共和国成立后,随着工业建设新高潮的到来,热泵技术也开始引入中国。早在 20 世纪 50 年代初,天津大学的一些学者已经开始从事热泵的研究工作。

第二节 学科奠基阶段(1952~1976 年)

1952 年

教育发展

哈尔滨工业大学创立了我国第一个 5 年制本科供热、供煤气及通风专业。工业与民用建筑,供热、供煤气及通风和给水排水 3 个专业成为土木系发展的三大支柱,这 3 个专业都是全国同类专业中建立最早的。

为了培养供热、供煤气及通风专业的师资队伍,1952 年高教部首先在哈尔滨工业大学招收研究生。第一届研究生有哈尔滨工业大学的郭骏(图 2.2.1)、天津大学的温强为、湖南大学的陈在康、同济大学的方怀德和太原工学院的张福臻。他们先在预科专门学习一年俄语,以便直接向苏联专家学习。

郭骏,1951 年毕业于上海圣约翰大学土木系,1955 年毕业于哈尔滨工业大学研究生班。他历任哈尔滨建筑工程学院讲师、副教授、教授,中国供热通风及空调学科专业的第一位博士生导师,中国暖通空调专业教育体系的拓荒者之一,中国

图 2.2.1 郭骏

建筑学会暖通空调学术委员会第二届副主任委员,著有《采暖设计》等。他主要从事寒冷地区居住建筑供热节能的研究,创建了我国第一个主要指标达到国际标准的低温热水散热器热工性能实验台,建立了我国第一个达到世界先进水平的大型热箱测试系统。他研制的高温水、高压蒸汽实验台为国内首创,其运行精度超过了国际标准。他创建的"测定复杂建筑构件传热系数及能耗对比分析的动、静态热箱群",为我国的建筑节能提供了测取基本数据的重要手段。他创建了我国第一个建筑节能研究室,包含计算机、自动控制、数学、暖通等相关研究人员。

为了扩大师资队伍,高教部又从全国各地抽调了一批教师来哈尔滨工业大学进修(图 2.2.2),如清华大学的吴增菲、重庆建筑工程学院的王建修、东北工学院(现东北大学)的叶龙和其他院校的于广荣、郁履方等教师。他们没有时间先学一年俄语,只好通过研究生间接向苏联专家学习,这些人后来都成为各高校创建暖通专业的中坚力量。

图 2.2.2　各地教师来哈尔滨工业大学进修

　　清华大学建筑工程系成立了供热、供燃气及通风专业。从建筑学院的新生中选调了 29 名学生参加为期两年的暖通专修科学习,次年由北京建筑专科学校调入 9 名学生,经过一年专业学习后有 26 名学生毕业。

　　我国高校除哈尔滨工业大学以外,清华大学、同济大学和东北工学院(现东北大学)设立了第一批供热、供煤气及通风专业。

1953 年

教育发展

　　苏联著名采暖通风专家 B.X.德拉兹道夫(图 2.2.3～图 2.2.6)来哈尔滨工业大学任教,为研究生和 1950 级本科生讲授采暖通风和供热课程。B.X.德拉兹道夫和他的中国研究生以及哈尔滨工业大学的杜鹏久(图 2.2.7)等在哈尔滨工业大学组成了中国第一个暖通教研室。系里任命樊冠球为教研室代理主任,杜鹏久为副主任。1953 年暑假后,哈尔滨工业大学从 1950 级本科生中抽调路煜(图 2.2.8)、盛昌源、贺平、刘祖忠、武建勋同研究生一起学习。

图 2.2.3 苏联专家 B.X.德拉兹道夫

图 2.2.4 授课中的 B.X.德拉兹道夫

图 2.2.5 1953 年 B.X.德拉兹道夫与哈尔滨工业大学暖通教研组教师研究教学工作

图 2.2.6　B.X.德拉兹道夫在耐心地指导土木系四年级采暖通风专业组的同学做课程设计

图 2.2.7　杜鹏久

图 2.2.8　路煜

清华大学由王兆霖、吴增菲、彦启森、赵荣义等 7 名教师成立了暖通教研组,并于当年正式招收第一届 5 年制供热、供燃气及通风专业的本科生,每届 60 人。

彦启森,生于 1931 年 12 月 30 日,1950 年进入清华大学机械系攻读汽车专业,1953年清华大学土建系采暖通风专业成立,他留校任教,成为该专业的创始人之一,并成为全国的学科带头人。彦启森除曾担任清华大学暖通空调教研室主任以外,还先后担任了大量的重要社会学术职务,为推动我国暖通空调领域的学科发展和行业进步做出了重大贡献。他长期从事制冷空调教学及科研工作,率先将系统工程学基本理论与方法引入供热空调技术领域,开拓形成建筑热环境和空调系统过程分析与模拟的研究方向,促进行业技术进步;率先建立空调计算机控制示范工程,提出空调控制最小能耗法,将专业技术与计算机控制有机结合。倡导用过程分析方法改革典型工况的设计方法,研究提高空调系统与设备的能源效率。

西安建筑科技大学在全国成立本科 4 年制供热、供煤气及通风专业。

1954 年

教育发展

哈尔滨工业大学供热、供煤气及通风专业招收了第二届 8 位研究生,即陈棪存、陈沛霖、赵振文、李猷嘉、金志刚、姜正侯、钱申贤、刘在鹏。陈棪存、陈沛霖学习通风方向,赵振文、刘在鹏学习供热方向,李猷嘉、金志刚、姜正侯、钱申贤学习煤气方向。为了更好地组织教学工作,苏联专家 B. X. 德拉兹道夫编写了《采暖通风》讲义。同年,暖通教研室组织教师及研究生去长春参观由苏联设计的第一汽车制造厂。B. X. 德拉兹道夫指导查阅该厂采暖通风及空调的设计资料,现场讲解采暖通风及空调系统,并到沈阳及鞍山参观有关工厂的采暖通风及空调设备,还在沈阳为工程技术人员做了题为《苏联采暖通风发展状况》的报告。

李猷嘉,1932 年 11 月 21 日出生于江苏省常州市。1953 年,他于同济大学毕业后,考入哈尔滨工业大学,因为国家需要,由土木结构专业改行学了燃气专业,从而成为中国第一批城市燃气供应专业研究生之一。1956 年,他毕业后留在哈尔滨工业大学任教,筹建了中国第一个燃气工程专业和最早的燃气实验室。他于 2000 年获得"中国工程设计大师"称号,并在 2001 年度中国工程院院士遴选中当选,成为中国燃气领域的第一位工程院院士。

科技成果

1954 年,同济大学建造了几千平方米的暖通实验室(图 2.2.9),直到 20 世纪 80 年代一直是全国各高校暖通专业中最大的实验室,其有独立的热工实验室、电工实验室和流体力学实验室。

1955 年

教育发展

哈尔滨工业大学招收第三届研究生,主要为东北工学院 4 年制暖通专业毕业生(共 8 人)。苏联派莫斯科建筑大学热化与供燃气教研室主任、著名的供热、供燃气专家 A. A. 约宁来到哈尔滨工业大学培养我国第一批暖通研究生及进修教师,A. A. 约宁与学生的合影如图 2.2.10、图 2.2.11 所示;哈尔滨工业大学在 1951 级本科生中抽出吴元炜、秦兰仪、廉乐明、崔如柏到机械系做苏联专家的研究生,秦兰仪与 A. A. 约宁的合影如图 2.2.12 所示;廉乐明与 A. A. 约宁的合影如图 2.2.13 所示。同时,又从全国各高校来了

图 2.2.9　1954 年建设的暖通实验室外景

图 2.2.10　A. A. 约宁与学生合影(一)

一批进修教师跟 A. A. 约宁学习煤气供应相关课程。

　　廉乐明,1951 年由无锡市的高中升入哈尔滨工业大学,进行了为期 6 年的学习;第一年预科主要学习俄语,之后进入土木系供热与通风专业进行专业课程学习;1955 年 10

图 2.2.11　A.A.约宁与学生合影(二)

图 2.2.12　秦兰仪与 A.A.约宁合影

月,被提前抽调作为苏联专家 A.A.约宁的研究生,毕业留校任教,除按计划与同班同学一起完成本科学业外,还进行本专业师资的业务工作。

　　苏联专家 A.A.约宁来到哈尔滨工业大学为研究生和本科学生讲授"煤气供应"课程。在国内培养了第一批燃气研究生,包括李猷嘉、姜正侯、钱申贤、金志刚 4 人。"煤气"在当时国内还是一个新方向,一切都要从头开始学习。

　　气源建设是煤气供应发展的基础。A.A.约宁讲课的内容按传统分成 3 个部分:制气、输配和应用。由于苏联煤气的转型很快,A.A.约宁来校时苏联的煤气供应就基本改

图 2.2.13 廉乐明与 A.A.约宁合影(左起:专家翻译、A.A.约宁、廉乐明)

成天然气,苏联成为仅次于美国的天然气使用大国。为了适应中国的需要,约宁也从煤制气讲起。A.A.约宁对制气方法做了细致的安排,特别讲到了在高压和低温下用蒸汽和氧鼓风的制气方法,即德国的鲁奇炉,详述其在输配和应用方面许多突出之处。当时苏联出版的煤气书籍很多,内容最丰富的是斯塔斯科维奇的《城市煤气供应》四卷本,后成两卷本,最后成一卷本。在煤气的应用部分,A.A.约宁本人在来哈尔滨工业大学前就出版了《煤气燃烧器》一书,曾由上海煤气公司徐春生工程师译成中文。由于苏联已进入天然气时代,因此研究生均以天然气作为毕业设计的内容。

我国与苏联的气源状况不同,苏联有丰富的天然气资源,教学内容主要是煤气的输配和应用,而我国缺乏天然气,煤炭资源丰富。我国发展城市煤气,首先要解决气源问题,由煤制造城市煤气的过程,就成为主要问题;中国必须依赖煤制气,特别是劣质煤制气来发展城市煤气,这就需要增加适合中国国情的煤制气。当时化工学院已按苏联方式建立了燃料化工专业,但并不是为城市煤气而设,因此需要建立一个能满足我国城市煤气发展需要的煤气专业,涉及煤气从生产、输配到应用的全过程。在征求一些国内专家的意见后,酝酿建立一个煤气工程专业,制气方面要得到燃料化工专业的援助,特别是只限于适合城市需求的煤气和化工产品的回收,不涉及化学产品的精炼,适当引入需要的化工原理专业基础课部分。

A.A.约宁离校前,哈尔滨工业大学当时规定,专家只讲一遍课,因此除1956年毕业的学生由专家授课外,1957年毕业的学生由专家亲自讲了一个绪论,其他课程就由研究生分别授课;1958年毕业的学生由李猷嘉讲课;1959年毕业的由姜正侯讲课,授课直到他支援上海同济大学。苏联专家主要的工作是自编讲义,并且修改、完善或重写他的讲稿内容。研究生给本科生讲课的内容只能按自己的笔记进行,最后完成的讲稿由学校打印了原文。1959 年由李猷嘉、姜正侯、薛世达和孙志高(专家翻译)将 A. A. 约宁的讲义译成中文并由高等教育出版社出版,后转中国工业出版社再版了几次。苏联专家的工作还包括指导两个实验室的建设和对研究生的问题进行答疑,北京都市规划委员会来的进修人员也参加答疑等活动。A. A. 约宁还到北京为都市规划委员会和清华大学做过报告。A. A. 约宁在 1957 年秋季圆满完成任务后回国。

1956 年

教育发展

哈尔滨工业大学全国第一批 5 年制暖通专业本科生毕业,第一届本科 5 年制暖通专业 1950 级本科毕业生和 A. A. 约宁合影如图 2.2.14 所示;同年,由苏联专家培养的两届师资研究生陆续毕业,包括其后留校的郭骏、路煜、盛昌源、李猷嘉,以及天津大学的温强为和金志刚,湖南大学的陈在康,同济大学的方怀德和陈沛霖,太原工学院的张福臻,重庆建筑工程学院的田胜元等。与此同时有数十位从同济大学、重庆建筑工程学院、天津大学、太原工学院、中国纺织大学(现东华大学)、湖南大学和西安建筑工程学院等院校派送来进修的师资研究生回原校执教,成为全国各高校暖通专业的骨干教师。

图 2.2.14 第一届本科 5 年制暖通专业 1950 级本科毕业生与 A. A. 约宁合影

陈沛霖(1933—2011),1953 年毕业于南京工学院土木系,1956 年 7 月毕业于哈尔滨工业大学研究生班,是我国最早从事暖通空调教育的研究生之一。他于 1956 年 9 月入职同济大学,1980 年任副教授,1986 年任教授,1990 年被国务院学科评审组聘为博士研究生导师。在当时研究条件十分困难的特殊时期,他身体力行带领科研小组一起完成了国家和上海市科委多项重点课题,参与主持的"建筑物冷热负荷设计计算新方法"于1985年获得国家科技进步奖三等奖,主持的"标准毕托静压管的研制"于1984年获得上海市重大科技成果奖三等奖,主持的"TKS—1型实验研究测速管用的低速风洞的研制"于1992年获得上海市科技进步奖三等奖,主持的"静止式空气—空气全热交换器"于1993年获得上海市科技进步奖二等奖。他撰写了《空调负荷计算理论及方法》《空调与制冷技术手册》《家用空调》《空调技术问答》等多部著作,坚持数十年蒸发冷却空调技术及其相关基础理论研究,发表了一系列高质量的学术论文,在国内外有较高的学术声誉,特别是针对空调系统节能相关基础理论和工程应用等关键性问题的探索,为发展暖通空调的理论体系提供了支撑。

图 2.2.15　陈沛霖

陈沛霖(图 2.2.15)在20世纪80年代初参与创建了上海制冷学会,并担任副理事长。1985年6月至1997年10月先后5次赴美国加州大学伯克利分校的劳伦斯·伯克利研究所做访问学者,从事科学研究工作。他在同济大学暖通空调专业引进和培养高水平青年人才方面倾注了大量心血,对年轻教师业务上关心、生活上爱护,培养了一大批学术上有成就的青年才俊和学术骨干,为该学科在国内始终领先做出了重要的贡献。

哈尔滨工业大学还进行了教学改革。学校发给每个教研室一套资料,包含多所国外著名大学的教学计划,郭骏在校务会议上提出暖通归到动力学有利于发展,黄承懋等动力系教师全力支持。

天津大学成立供热通风与空调工程专业,是全国成立暖通专业最早的6所高校之一,平均每年本科生的招生规模为60人左右。

重庆大学成立供热与通风专业,开始招收供热与通风专业本科生;建立建筑环境与设备工程实验研究中心(重庆市高校重点实验室)。

山东建筑大学成立房屋卫生设备专业。

西安建筑科技大学经全国院系调整,成立供热、供煤气及通风专业。

马仁民,生于1927年11月,河北昌黎人,1952年毕业于东北工学院,1956年调往西安建筑工程学院任教直至退休,曾获陕西省科技进步奖二等奖,享受国务院特殊津贴。1956年国家实行院系调整,马仁民从东北工学院建筑系调到西安,参与建立西安冶金建筑学院(现西安建筑科技大学),成为该校暖通专业的奠基人之一,也是中国建立暖通空调专业教育体系的拓荒者之一。

太原工学院(现太原理工大学)土木系创办供热、供煤气及通风专业。

1957 年

教育发展

苏联采暖通风专家 G. A. 马克西莫夫教授到西安冶金建筑学院为教师和研究生讲授空气调节。哈尔滨工业大学派郭骏前去听课,其讲稿经于良娇、谭天佑翻译校对后,于1959 年出版,这本《空气调节》对我国暖通专业教师队伍的建设起到了积极作用。

哈尔滨工业大学聘请留德回国专家徐邦裕教授来校任教,同时由苏联专家指导的师资研究生相继毕业留校工作。1959 年分别在苏联列宁格勒建筑工程学院和莫斯科建筑工程学院留学并获技术科学副博士学位的杜鹏久和路煜学成回国,与已在校任教的郭骏和徐邦裕等组成了当时在全国实力最强的暖通专业师资队伍,加速了该专业的发展,至此哈尔滨工业大学的该专业师资力量得到进一步加强,在全国高校处于领先地位。路煜在莫斯科建筑工程学院留学时发表的副博士学位论文如图 2.2.16 所示。

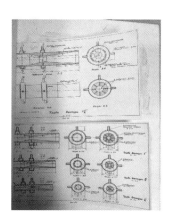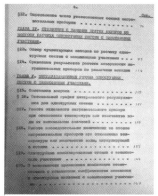

图 2.2.16 路煜在莫斯科建筑工程学院留学时发表的副博士学位论文

徐邦裕,1941年毕业于德国明兴工业大学机械系,获"特许工程师"学位。他曾任中央工业实验所工程师、同济大学教授,九三学社社员,1985年加入中国共产党。他在我国较早时期进行热泵式空调机组的研究,主持研究并设计用冷凝热作为二次加热的"热泵型恒温恒湿空调机组"。他是我国暖通、空调与制冷行业为数不多的几位第一代著名专家之一。他从1957年开始培养研究生,使哈尔滨工业大学暖通专业成为我国最早自行培养研究生的专业。他开创了我国第一个制冷专业,编写了我国第一部制冷工程教材,并建立了我国第一个除尘研究室、第一个人工冰场,研制出了我国第一台热泵式恒温恒湿空调机组、第一台二次加热能源新型空调机组(比日本专利早10年)、第一台水平流动无菌净化空调机组、第一台房间空调器热卡计算式实验台。

哈尔滨工业大学成立我国首个燃气工程应用专门的燃气实验室,配有各种燃烧实验装置,编写了实验指导书及设备操作手册。实验室设在哈尔滨松花江旁棚户区的煤气公司内。苏联专家回国后,1957年研究生薛世达留校,姜正侯调到同济大学。为建设新专业,1958年毕业的刘永志留校,李猷嘉加上早已来校的实验员高凤祥,形成3个助教、1个实验员来筹备建立煤气专业的状况。

1958 年

教育发展

哈尔滨工业大学成立国内首个城市与工业煤气专业,以适应时代的发展。原供热、供煤气及通风专业拆分为供热通风专业和城市煤气工程专业。从暖通教研室调出教煤气课的李猷嘉、薛世达老师和当年毕业留校的刘永志,于1958年组建了煤气教研室。煤气专业的学生是从1953级、1955级、1956级、1957级和1958级的暖通专业学生中抽调一部分学生通过转专业过来的。1959年从当年要毕业的煤气专业学生(即1953级)中抽调4名学生(管荔君、傅忠诚、艾效逸、江孝堤),他们提前半年毕业,加入了煤气教研室,1960年又从当年的毕业生(即1955级)中留下了6名学生(段常贵、李振明、张士文、曹兴华、郭银广、焦正润),这些年轻教师充实了煤气教研室的队伍。这样,在一年之内就完成了城市煤气工程专业的建立。

9月,李猷嘉奉命担任国庆工程中燃气工程设计总负责人,带领哈尔滨工业大学煤气专业1953级的13位学生,在1958～1959年参加了由北京市城市规划管理局设计院主持的北京十大国庆工程项目中的煤气输配与燃烧设备的部分设计工作,这些项目包括人民大会堂、历史博物馆、军事博物馆、长安饭店(后来定名为民族饭店)、民族文化宫、农业展览馆和美术展览馆等。煤气专业1953级同学在北京市城市规划管理局设计院门前合影如图 2.2.17 所示。

图 2.2.17　煤气专业 1953 级同学在北京市城市规划管理局设计院门前合影

哈尔滨工业大学在教学上进行了课程体系改革。根据纬度跨度大、北冷南热的气候特点，空调应在专业中加强，在 1958 年首先将制冷课独立出来。将苏联课程"泵、风机与制冷机"拆分为"泵与风机"和"制冷设备"。早期专业课"供热学"和"采暖通风"［上下册教材，上册《采暖工程》，下册《通风工程》（含空调）］，实质上是两门课分别在两个学期上，也是不同教师上课，逐渐演变为供热与采暖合为一门课——"供热工程"；原下册《通风工程》演变为《工业通风》和《空气调节》。

湖南大学在土木系成立暖通专业（图 2.2.18），由陈在康（图 2.2.19）教授创建。这属于全国最早的暖通专业"老八校"之一。

图 2.2.18　湖南大学暖通专业成立文件

陈在康，江西黎川人，1930 年生，1947 年毕业于江西省立临川中学，考入中正大学（后改为南昌大学）土木系。1951 年大学四年级下学期，他以江西省学生代表的身份参加了第一届"中国人民赴朝慰问团"，去朝鲜慰问中国人民志愿军、朝鲜人民军和朝鲜人民。

图 2.2.19　陈在康

陈在康 1952 年 7 月毕业于南昌大学,1952 年 9 月被抽调到哈尔滨工业大学,作为首批 5 位供热供煤气及通风空调专业研究生之一,在苏联专家德拉兹道夫先生的指导下开始学习本专业知识,1955 年 7 月 1 日完成研究生答辩,之后回到长沙中南土木建筑学院工作。1956 年,陈在康被借调到清华大学,成为清华大学暖通专业早期创办人之一。期间,他曾带领学生完成"纸风道"的设计制造,受到周恩来总理的关注和好评,带领学生完成了国家大剧院采暖通风设计工作。1958 年,陈在康在湖南大学创办暖通空调专业。1982 年,他负责组建了湖南大学环境工程系和环境保护研究所,并担任首届系主任和所长,创办了湖南省土木建筑学会暖通空调专业委员会。

湖南大学暖通第一任硕士导师是陈在康,第一任博士生导师也是陈在康,第一个带博士后的老师是汤广发,专业创立者是陈在康,专业实验室创建者是蔡祖康,专业秘书是俞礼森。汤广发是国家级全国百篇优秀博士论文指导老师,连续三年高被引学者。教研室几代老师承朱张之绪,取欧美之长,春风化雨、润物无声。他们兢兢业业、勤勤恳恳,潜心科学研究、教书育人;春华秋实,培李育桃遍神州,夏冷冬暖,躬耕不辍创一流。

北京建筑大学机械供热工程科创办了 4 年制供热、通风与空调工程中专专业。

吉林建筑大学设立供热通风专业,是吉林省最早设立该专业的院校。

太原理工大学开始以暖通专业名称招收第一届本科生。

长春工程学院暖通专业办学始于 1958 年。1986 年招收供热通风与空调专业专科生,1999 年招收建筑环境与设备工程专业本科生。

教学成果

《采暖工程》,温强为、贺平合编,哈尔滨工业大学出版社(图 2.2.20)。

图 2.2.20 《采暖工程》封面

1959 年

教育发展

哈尔滨建筑工程学院成立后正式宣布煤气专业成立。1959 年,1953 级 13 名转学煤气的部分同学作为供热供煤气及通风专业煤气专门化的学生毕业,部分同学作为煤气工程专业的学生毕业。1960 年,1955 级转学煤气的学生作为煤气工程专业的学生毕业。

当时从国家、建设部到学校具备了煤气专业成立和建设的良好外部和内部条件,主要影响因素包括以下几方面。

(1)国家制订了首都北京建设城市煤气的计划,由北京市都市规划委员会负责,请来了有实践经验的苏联专家诺沙洛夫,花了大量精力来研究气源的选择,抽调了很多技术人员听他讲课并形成了一本讲稿,组织力量翻译斯塔斯科维奇的《城市煤气供应》,分配了各专业人员(包括燃具研究人员)到当时的哈尔滨工业大学来听课。

(2)为了发展城市煤气,建设部在天津成立了煤气设计院(由原天津市建筑设计院转建)。一切从头开始,包括制气、供应等各个方面。

（3）在北京建筑科学研究院空调所成立煤气应用的组织，从美国进口了大量美国煤气协会（AGA）的实验报告，后来合并到天津煤气设计院。

（4）首都国庆工程的建设，邀请哈尔滨工业大学到北京市城市规划管理局设计院（现北京市建筑设计院）一室共同完成人民大会堂、民族饭店和民族文化宫等项目的煤气工程设计。一室主任为张博。当时调进人员很多，如暖卫组组长那景成、副组长戚家祥，李列任煤气工程副组长。

（5）由建设部委托沈阳成立劣质煤为主制气的煤气化研究所，由市委第一书记焦若愚亲自抓此项工作，由天津煤气设计院、沈阳石油设计院和哈尔滨工业大学参加编制建所论证报告。

（6）哈尔滨工业大学开门办学，不断接受搞城市煤气规划和设计的工程（如太原、大连、沈阳等城市）。

（7）建设部在武汉成立城建学院，培养煤气专业人才，从哈尔滨工业大学 1960 年的毕业生中调走 3 人（其中严铭卿为暖通专业）。

（8）西安冶金建筑学院派史钟璋等人来哈尔滨建筑工程学院学习建立煤气专业。

（9）哈尔滨建工学院成立，需要扩大专业数量，煤气专业的成立有利于其发展。

从哈尔滨工业大学到哈尔滨建筑工程学院，为办好煤气专业，学校在师资人才方面做了许多工作，通过派人到外校进修和引进外校毕业生的方法来增强师资力量。

煤气专业成立后，首先承接了哈尔滨煤气厂和太原煤气厂的设计任务，将 1953 级和 1955 级煤气专业的学生派至大连工学院，与该校石油炼制专业的学生联合进行设计，并补充有关煤气设计的相关知识，学习相关课程。哈尔滨工业大学煤气专业师生在大连工学院校门前合影如图 2.2.21 所示。

北京建筑大学按供热与通风专业和供热、供燃气专业正式开始招生，后改为供热与通风专业。

太原理工大学从本校工业与民用建筑 1957 级学生中选拔了 19 名优秀生直接进入暖通专业三年级学习，学制 5 年。1962 年首届暖通专业本科生毕业。

教学成果

《煤气供应》，A. A. 约宁著，李猷嘉等译，高等教育出版社。这是 1959 年由李猷嘉等翻译整编 A. A. 约宁讲学手稿而成的教材，是我国城市煤气工程专业的第一本教科书。

《房屋卫生设备》，沈承龙编，建筑工程出版社。

图 2.2.21　哈尔滨工业大学煤气专业师生在大连工学院校门前合影

1960 年

教育发展

中国人民解放军理工大学在西安成立工程兵工程学院,正式设立地下工程通风、空调、给排水专业。

东华大学暖通空调与能源工程系由 1951 年成立的华东纺织工学院热工教研室而来,于 1960、1961 年招收两届纺织暖通空调方向本科学生。

科研成果

1960 年,为在黑龙江省设计建造全国第一个冰球馆,由省体委筹划、哈尔滨建筑工程学院徐邦裕教授主持研制我国第一个人工冰场,课题组开展冰球馆冰场模型实验研究(图2.2.22)。课题组成员包括:省体委主任、梅季魁(建筑系)、廉乐明(暖通)、杨振魁(暖通)。参加人员包括:哈尔滨建筑工程学院暖通 1955 级毕业设计小组:孙庆复、娄长彧、黄云秋、闫尔平;暖通 1956 级学生:门连卿、王景春、李春山、李恩甲、李宝珠、李云凤。

5月在黑龙江省肉类联合加工厂冷库进行实验,借用该冷库的预冻间库房建造冰场模型。室内冰场模型建立后,邀请当时的全国女子花样滑冰冠军文海美在冰面进行试滑(图 2.2.23),滑行效果良好。人工冰场模型课题组成员与花样滑冰队运动员合影如图 2.2.24 所示。

图 2.2.22　人工冰场模型课题组成员在实验中

图 2.2.23　全国女子花样滑冰冠军文海美在人工冰场模型上试滑

　　在徐邦裕教授的指导下，课题组成员群策群力，总结出了大量实验数据，提出了在室内温、湿度条件下，修建人工冰场、冰球场的设计方案和资料。20 世纪 70 年代北京市建筑设计院在北京设计全国第一个室内冰场——北京首都体育馆冰球场的设计施工中，徐邦裕教授又把这些用心血提炼的数据和资料无代价、无保留地贡献了出来，这些宝贵的资料对我国室内冰场的建设发挥了重要作用。

图 2. 224 人工冰场模型课题组成员与花样滑冰队运动员合影

吴沈钜(图 2.2.25)1914 年出生于浙江嘉善,1935 年毕业于浙江大学土木工程系。大学毕业后,他在上海国际饭店负责大厦的设备运行、能源和水消耗监督以及应急维修工作,直至成为国际饭店的总设备师。后来他去美国密歇根大学研究院留学,1949 年完成学业并获土木工程硕士学位。1952 年吴沈钜成为同济大学供热供煤气及通风专业的第一批教师,也是我国供热通风专业的创办人之一。

图 2.2.25 吴沈钜

在我国暖通专业创办初期,由于没有经验,一切都先从苏联照搬过来,教学计划、课程设置、教学环节安排、教学大纲基本上是参照苏联模式制定的,教材也是把苏联的翻译过来使用。吴沈钜发现这样照搬教材会有不少问题,首先是计划总学时太多,教学内容也有很多不切合我国具体情况。于是,他开始尝试对同济大学的暖通专业进行改革,首先是自己编写教材,根据国内的实际情况,对内容进行扩充和改写。他 1955 年编著了国内第一本暖通专业方面的教材——《暖气工程学》,由上海科技出版社出版,开创了国内自主编写暖通教材的先河。他积极引进国外优秀教材、杂志和参考资料,联络国外学者,通过多种渠道,获取国外的最新研究成果。国外杂志如 *ASHRAE Journal* 等,最初就是由吴沈钜引进并翻译的。

吴沈钜教授长期从事建筑设备与暖通空调方面的科研与教学工作,1959 年发表了《简介热泵供暖并建议济南市试用热泵供暖》,是使用热泵供暖的先驱者之一。入职同济大学后,他致力于空气洁净的研究,涉及军事工业、航天、电子、生物医药等各方面,让工业产品和科学实验活动进一步微型化、精密化、高纯度、高质量、高可靠性。他出版了多部著作,如《中国工程师手册·土木机械篇》《暖气工程学》《升降设备》《微设备》《高层旅馆建筑中空调方式的选择》《图书馆的建筑设备》《手术室的净化空调及专用机组》等;主编多种刊物,如《英汉暖通空调专业词汇》《空气调节》《废气脱硫》等;在重要刊物上发表论文数十篇。

吴沈钇教授曾任上海国际饭店经理兼大厦总设备师,上海市政建设委员会工程师,大同大学教授,光华大学教授,同济大学教授,同济大学图书馆馆长,通风空调研究室主任,中国暖通空调学会副主委,上海图书馆学会理事,上海市欧美同学会常务理事,上海民主建国会文教组主任,中国民主建国会中央委员,上海市人民代表,上海市政协委员。1985年,他曾率团访欧,考察西德高等教育,并应瑞典斯德哥尔摩大学、皇家理工大学邀请,前往学术交流。退休后他在美国组织同济大学校友会,任会长(现任名誉会长);并任上海同济大学校友会理事长。退休后他陆续访问加拿大、墨西哥、瑞典以及东欧和亚洲各国。十几年中,他穿梭往返于世界各地,共写下了6册计64篇游记和百余首诗词,均在全国旅游杂志、上海欧美同学会会刊和《浙大校友》等刊物发表。这些充满爱国激情和抒发振兴中华雄心壮志的诗文,是吴沈钇教授一身正气、热爱祖国的真实记录。

1961 年

教育发展

虽然用煤气在当时是改善民生的措施,但是由于国家财政困难,哈尔滨建筑工程学院停止了煤气工程专业的招生。

天津大学开始招收研究生,设有两个硕士点,其中热能工程学科于1981年成为国务院批准的首批硕士学位授予点。

教学成果

《采暖与通风》(上、下册),西安冶金学院供热与通风教研组与哈尔滨建筑工程学院供热与通风教研室编,中国工业出版社(图2.2.26)。

图 2.2.26 《采暖与通风》封面

1962 年

教育发展

哈尔滨建筑工程学院成立函授部,设立采暖与通风等 3 个专业,学制 5 年,执行本科教育计划。

1963 年

教育发展

在全国"调整、巩固、充实、提高"方针的指引下,暖通专业经历了一次规范化的整顿。在建筑工程部领导下,成立了"全国高等学校供热、供煤气及通风专业教材编审委员会",负责制订暖通专业全国统一的"指导性"教学计划和各门课程及实践性教学环节的教学大纲,并组织编审了一整套暖通专业适用的"全国统编教材"。当时委员会成员有徐邦裕(图 2.2.27)、巢庆临、吴沈钇、李英才、王建修、陈在康、张福臻、彦启森和路煜等,徐邦裕教授任主任。

图 2.2.27　徐邦裕教授在工作

巢庆临(1913—2015,图 2.2.28),浙江嘉兴人,1936 年毕业于复旦大学土木系并留校任教;曾任复旦大学助教、讲师、副教授;院系调整后,曾任上海交通大学副教授;1952 年起随交通大学土木系进入同济大学任副教授、教授、系主任、研究生院副主任。他是同济大学暖通专业早期创办人之一。1957 年夏至1959 年冬,他赴苏联列宁格勒建筑工程学院进修并以副教授职称参加该校的教学工作;1978 年受组织委派创办同济大学分校,任副校长、校长直至 1987 年退休,退休后移居美国。巢庆临教授在积极投入教学和科研工作的同时,积极参与暖通空调行业其他学术活动,曾任中国建筑学会暖通空调学术委员会副主

图 2.2.28　巢庆临

任,原城乡建设环境保护部暖通专业教材编审委员会副主任,上海建筑学会暖通委员会主任,《通风除尘》编委会副主任,《辞海》编委会建筑分科主编。巢先生还与其他专家共同主编了高校通用教材《空气调节》,译编了《建筑设备》《卫生工程》等。巢庆临教授为我国暖通空调行业及高等学校相关专业的发展和建设做出了积极贡献。

11 月,毛泽东主席及中共中央负责同志刘少奇、贺龙、聂荣臻、谭震林等接见全国科协学会工作会议及电子、计量、动物、微生物、地质、建筑 6 个学会学术会议全体代表,其中代表中国建筑学会建筑设备分会参会的有热能系的徐邦裕教授、郭骏教授。

科研成果

原华东建筑设计院与上海冷气机厂开始研制热泵式空调器。

1964 年

教育发展

清华大学将专业名称从供热、供燃气与通风改为供热与通风,教学内容中不再包括燃气部分。

北京工业大学土木建筑系开始筹建暖通空调专业(筹备组长申根宝教授)。

教学成果

《空气调节用制冷技术》,彦启森主编,徐邦裕教授主审,中国建筑工业出版社(图 2.2.29)。

图 2.2.29 《空气调节用制冷技术》封面

科研成果

哈尔滨建筑工程学院建成我国最早的水冷表面式空气冷却器实验台。

1963 年,在徐邦裕教授的主持下,哈尔滨建筑工程学院与哈尔滨空调机厂开展厂校合作。当时,我国的空调技术相对落后,没有民用空调,工业上采用集中式空调,其空气处理全部采用喷水室。此时,国外已开始使用翅片管表冷器。

1964 年初,高甫生接受建立水冷表面式空气冷却器实验台(简称表冷器),并开展水冷表面式空气冷却器实验研究的任务。在没有任何参考资料的情况下,他利用空余时间,开始着手实验台的设计,当年 5 月完成了全套设计图纸。设计图中还包括测量水流量的孔板装置和测量空气流量的喷嘴装置。当时,这些测试仪表都要自己设计计算,并绘制机械加工图。全套实验装置由哈尔滨空调机厂帮助制作并进行安装。

1964 年 10 月,实验台竣工,相应的空气预处理系统和冷热源配置也随即建成。这是我国建立的第一座水冷表面式空气冷却器实验台,其原理如图 2.2.30 所示。

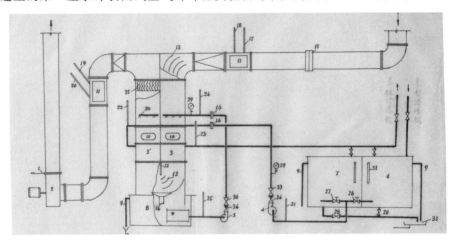

图 2.2.30   我国第一座水冷表面式空气冷却器实验台原理

1965 年初,实验台安装仪表、调试后,开始了实验研究工作。供热 1960 级的 5 名学生参与了实验,并将其作为毕业设计课题。高甫生与学生一起,在近半年的实验中,做了涵盖表冷器的各种可能的运行工况实验,其中包括表面淋水工况,获得了上万个实验数据,并对数据进行了初步分析整理。

几年后,高甫生重启研究,经过两三年艰苦的实验数据分析整理工作,完成了《水冷表面式空气冷却器试验研究》和《水冷表冷器中干、湿表面之间的换热规律的探讨》两篇论文。

高甫生,1962 年毕业于清华大学,1963 年至哈尔滨建筑工程学院(后与哈尔滨工业大学合并)任教。他长期从事暖通空调和制冷方面的教学和研究工作,先后完成科研项目 10 余项,其中 5 项获省、部级和哈尔滨市优秀科技成果奖,1 项获国家专利,在国内外学术年会及期刊发表论文百余篇。

1965 年

教育发展

哈尔滨建筑工程学院暖通专业根据学院要求重新修订了暖通教学计划。

科研成果

上海冰箱厂研制成功了我国第一台制热量为 3 720 W 的 CKT－3A 热泵型窗式空调器。

天津大学与天津冷气机厂研制成国内第一台水源热泵空调机组。

1966 年

教育发展

哈尔滨建筑工程学院为了适应新的形势,学院组织机构进行了调整。学院各系设置有所变动,共设供热通风工程系(简称暖通系)等 6 个系。1968 年,学院将原来的 6 个系合并成建筑工程和城市建设 2 个系,原暖通系纳入城市建设系中。

太原理工大学暖通专业 1966 年之前共招收了 1957 级、1958 级、1964 级和 1965 级 4 届学生,学制 5 年;1966～1976 年共招收了 1972 级、1974 级和 1976 级 3 届工农兵学员,学制 3 年。

教学成果

《煤气燃烧器》,李猷嘉编著,中国建筑出版社。

科技成果

哈尔滨建筑工程学院研制出世界上第一台新型节能空调机,其外观实物图如图 2.2.31 所示;其内部结构图如图 2.2.32 所示。

图 2.2.31　新型节能空调机外观实物图　　图 2.2.32　新型节能空调机内部结构图

1965 年,徐邦裕教授提出了一种新型空调机流程,利用冷凝热作为恒温恒湿空调二次加热,将空调机冷凝器中的部分废热分流用于空调二次加热器使用。经与哈尔滨空调机厂协商后,决定合作研制新型空调机。在徐邦裕教授和吴元炜教授的主持和指导下,哈尔滨建筑工程学院有多名教师与哈尔滨空调机厂技术科共同组成联合设计组。1966年哈尔滨建筑工程学院与哈尔滨空调机厂合作研制成功世界上第一台新型节能空调机。

此项研究中由高甫生承担新型空调流程实验研究工作,负责实验台设计和全部实验工作。实验目的是验证徐邦裕教授提出的利用冷凝热作为恒温空调二次加热的可行性,并研究采用新流程空调机组的运行规律。

徐邦裕教授提出新流程,并指导研制成功世界上首台新型节能空调机组的时间比日本整整早了9年。日本专利技术在1975年公布了与此完全相同的空调机流程。1978年,此项成果获得了"全国科学大会奖"。

吴元炜,1935年生,曾任中国建筑科学研究院总工程师、副院长。他主持开拓城市集中供热、建筑节能、空调设备检测、标准化等方面工作;先后获得黑龙江省、建设部、北京市颁发的科技进步奖;组织筹建"国家空调设备质量监督检验中心"并兼任主任到1999年;负责筹组"全国暖通空调及净化设备标准化技术委员会"(TC143),任主任委员到2003年;参与筹组"建设部建筑节能中心",兼任负责人之一;参与中国与加拿大政府间合作项目"中国建筑节能",并被任命为中方项目经理。他兼任全国注册公用设备工程师管理委员会副主任、中国制冷学会副理事长、北京市人民政府第八届顾问团顾问、《西部制冷空调与暖通》杂志顾问、《制冷学报》和《建筑科学》主编。为纪念他为我国暖通空调业做出的成就,设立了以他的名字命名的"吴元炜"暖通空调奖。

天津大学与铁道部四方车辆研究所共同合作,进行干线客车的空气/空气热泵试验。

1971 年

教育发展

北京工业大学暖通专业教研室成立。

1972 年

教育发展

5月,哈尔滨建筑工程学院招收了第一批工农兵学员,包括供热与通风等3个专业共175名学生。

科技成果

哈尔滨建筑工程学院"寒带列车洗刷库的研究"项目启动。

1972~1975年,煤气教研室傅忠诚、薛世达、江孝堤参加了哈尔滨铁路局"寒带列车洗刷库的研究"课题,其中傅忠诚参与、设计了列车进库后加热解冻、热水清洗、烘干全过程。该项目获1978年"全国科学大会奖"。

在此项目研究中,傅忠诚设计的"浸没燃烧潜水锅炉"获得了 1980 年黑龙江省科学大会奖。

1972～1975 年,秦兰仪、董珊、傅忠诚、段常贵等哈尔滨建筑工程学院暖通和燃气专业的教师积极参与哈尔滨市的锅炉改造项目。

段常贵毕业后留哈尔滨建筑工程学院任教,1987～1988 年作为高级访问学者在比利时布鲁塞尔自由大学(U. L. B)工作一年;2005 年主持成立"深圳中燃哈尔滨工业大学燃气技术研究院",任院长;2011 年 1 月主持成立"航天—中燃—哈尔滨工业大学分布式能源系统联合研究室",任主任;《煤气与热力》杂志编委会编委;"中国燃气行业专家顾问委员会"博燃网特聘专家;参编《燃气输配》第一版、第二版;主编《燃气输配》第三版、第四版、第五版;主编《建设部工人培训高级班教材》;主编《城市燃气工程基本术语标准》(GB/T 50680—2012);主持、参与数十项科研课题,在各类期刊发表科技论文 100 余篇。

1975 年

科技成果

1975 年左右同济大学建设了近千平方米的"七二八"通风实验室(图 2.2.33)。

图 2.2.33 "七二八"通风实验室外景

1976 年

教育发展

北京工业大学按空调设备专业招收 2 年制大专班一届。

注:原哈尔滨建工程学院徐邦裕、吴元炜领导科研小组于 1966～1969 年期间坚持完成了 LHR20 热泵机组的研制收尾工作,于 1969 年通过技术鉴定,这是当时全国唯一的一项热泵科研工作。而后,哈尔滨空调机厂开始小批量生产热泵机组,首台机组安装在黑龙江省安达市总机修厂精加工车间,现场实测的运行效果完全达到(20±1)℃、(60±10)%的恒温恒湿的要求,这是我国第一例以热泵机组实现的恒温恒湿工程。

哈尔滨建筑工程学院煤气专业 1959～1965 年共培养了 7 届毕业生(1953 级、1955 级、1956 级、1957 级、1958 级、1959 级和 1960 级),这些学生成为当时全国煤气行业的骨干力量,为我国煤气事业发展做出了积极贡献。煤气专业首届毕业生与老师合影如图 2.2.34 所示;1990 年 1 月燃气专业老校友返校访问合影如图 2.2.35 所示。

图 2.2.34　煤气专业首届毕业生与老师合影(前排左二为李猷嘉老师)

图 2.2.35 中,从左至右为:段常贵(哈尔滨建筑工程学院)、薛世达(山东建筑大学)、钱申贤(北京建筑大学)、金志刚(天津大学)、李猷嘉(中国市政工程华北设计研究院)、姜正候(同济大学)、郭文博(重庆大学)和傅忠诚(北京建筑大学)。照片中各位老校友均为当时各单位燃气专业的领军人物。

20 世纪 60 年代,同济大学教师参与了我国第一台窗式空调机的研制。20 世纪 70 年代,以暖通专业教师为主要力量,同济大学批量生产了 H－15 柜式空调机组。在教科书中沿用至今的空气冷却去湿过程的驱动力是焓差(焓湿图上过程线的聚焦原理)的论断,是同济大学教师早在 20 世纪 60 年代中期提出的。首先把多管式旋风除尘器的效率提高到 85% 以上,也是同济大学教师的重要贡献之一。

图 2.2.35 1990 年 1 月燃气专业老校友返校访问合影（由金志刚提供）

第三节 学科壮大阶段(1977～1997 年)

1977 年

教育发展

9月，教育部在北京召开全国高等学校招生工作会议，决定恢复已经停止了 10 年的全国高等院校招生考试，以统一考试、择优录取的方式选拔人才上大学。会议决定，恢复高考的招生对象是：工人农民、上山下乡和回乡知识青年、复员军人、干部和应届高中毕业生。

北京建筑大学供热与通风工程中专专业升为供热通风与空调工程本科专业。

沈阳建筑大学开始招收供热、通风与空调工程和给排水工程两个专业的本科生。

1978 年

教育发展

3 月,哈尔滨建筑工程学院供热与通风专业招收 4 年制本科生,城市煤气工程专业招收 4 年制本科生。同年,学院恢复研究生招生。这一年,供热与通风等 7 个学科专业招收 2 年制和 3 年制研究生共 44 名。哈尔滨建筑工程学院暖通专业 77-1 班毕业生毕业照如图 2.3.1 所示;哈尔滨建筑工程学院暖通专业 77-1 班毕业合影如图 2.3.2 所示;哈尔滨建筑工程学院暖通专业 77-2 班毕业生照片如图 2.3.3 所示;哈尔滨建筑工程学院暖通专业 77-2 班毕业生合影如图 2.3.4 所示。

图 2.3.1　哈尔滨建筑工程学院暖通专业 77-1 班毕业生毕业照

图 2.3.2　哈尔滨建筑工程学院暖通专业 77-1 班毕业合影

图 2.3.3　哈尔滨建筑工程学院暖通专业 77－2 班毕业生照片

图 2.3.4　哈尔滨建筑工程学院暖通专业 77－2 班毕业生合影

自 1978 年开始,哈尔滨建筑工程学院认真抓好每一个教学环节,如讲解课、习题课、实验课、课程设计、生产实习等。教研室大部分恢复了集体备课、预讲、试讲、教学法研究等活动,恢复了考试和考查制度,并于 1978 年开始,每学期都开展期中教学检查工作。

清华大学在 1978 年以后暖通专业每届招生 30 人(只有一届为 60 人)。

中国人民解放军理工大学迁至南京后,地下工程通风、空调、给排水专业恢复招生计划,为全军培养国防工程内部设备设计、建设、维护管理领域的初级指挥军官和技术军官。

湖南大学开始招收培养暖通学科硕士研究生,最初只招收了 3 名研究生。1982 年又招收 1 名研究生。1978 年,陈在康教授主持全国统编教材《工业通风》的编写工作,并完成分工编写其中三章的任务,后来主编工作由于陈在康教授赴美而转由孙一坚副教授继续完成。在此期间,陈在康教授仍继续坚持进行了关于建筑隔热和自然通风方面的科学研究,陈在康提出的"兜风式"通风隔热屋顶,经模型试验及现场观测,证明效果良好,陈在康教授和樊哲晨教授等主持的"双排孔隔热空心混凝土砌块的研究"获得1980年湖南省人民政府颁发的四等奖。陈在康教授和汤广发等同志一起对天窗的性能进行了系统研究,获得1978年湖南科学大会奖。

北京建筑大学城市燃气工程专业开始招生,当时为华北地区唯一的燃气工程专业。

北京工业大学土木建筑系设立空调技术专业,并招收4年制本科生。两年后,空调技术专业调出土木建筑系,归属热能工程系。

山东建筑大学开始招收暖通专业首届本科生。

吉林建筑大学恢复本科建制,同年设置供热通风专业。

太原理工大学恢复招收暖通专业本科生,学制4年;招收暖通专业专科生,学制3年;招收暖通专业专修生,学制2年。同年,开始与哈尔滨建筑工程学院联合招收暖通专业硕士研究生。

天津城建大学供热空调工程专业和城市燃气工程专业开始招生。

教学成果

哈尔滨建筑工程学院燃气专业恢复招生后,燃气教研室教师参加新的全国统编教材《燃气生产与净化》(图2.3.5)、《燃气输配》和《燃气燃烧与应用》的编写工作,前两本教材哈尔滨建筑工程学院为主编单位之一,薛世达和王民生主编的《燃气输配》在1987年获得中华人民共和国城乡建设环境保护部优秀教材二等奖(图2.3.6)。

图 2.3.5 《燃气生产与净化》封面及前言

图 2.3.6 《燃气输配》在 1987 年获得城市建设环境保护部优秀教材二等奖

1979 年

教育发展

清华大学将暖通专业从建筑工程系调整到热能工程系,专业名称由供热与通风改为供热通风与空气调节。

西北建筑工程学院(现长安大学)开始招收 4 年制本科供热、通风与空调工程专业学生。

西安建筑科技大学招收首批供热通风工程专业硕士研究生。

吉林建筑大学供热通风工程专业开始招收本科生,这是当时吉林省唯一的暖通空调本科教育专业。吉林建筑大学是设置供热通风与空气调节工程专业"新八所"院校之一。

河北建筑工程学院供热、通风与空气调节工程专业招收第一届本科生。

科技成果

哈尔滨建筑工程学院暖通专业学者设计生产了国内第一台往复炉排汽水两用锅炉,研制出国内第一台计算机房专用的空调机组,率先在国内应用蒸汽锅筒定压高温水供热系统。1975 年 5 月至 1976 年 8 月,哈尔滨建筑工程学院暖通专业部分师生在哈尔滨油漆颜料厂,与厂内工人师傅和技术人员一起完成了该厂东厂区蒸汽锅筒定压高温热水供热系统的设计和部分施工任务,1976 年 11 月 6 日部分投入运行,经过一个采暖季的运转,表明这个系统运行稳定可靠、操作方便。

学术会议

从 1979 年开始,太原理工大学一直作为承办单位负责举办历届山西省暖通空调制冷及热能动力学术年会。该年会为山西省建设主管部门、高校、设计院、研究院、施工单位和设备厂家提供了相关政策、理论、技术的交流平台。

1980 年

教学成果

《供热工程》第一版(图 2.3.7):1980 年,哈尔滨建筑工程学院、天津大学、西安冶金建筑学院、太原工学院四校合编,贺平主编,中国建筑工业出版社,作为高等学校试用教材。

图 2.3.7 《供热工程》第一版封面

《供热工程》第二版:1985 年,哈尔滨建筑工程学院等编,中国建筑工业出版社。

《供热工程》第三版:1993 年,贺平、孙刚编著,中国建筑工业出版社,高等学校推荐教材。

《采暖设计》第一版:1980 年,郭骏编著,中国建筑工业出版社。

《采暖设计》第二版:1987 年,郭骏、邹平华编,中国建筑工业出版社。

邹平华毕业于哈尔滨建筑工程学院(现哈尔滨工业大学),1981 年返回母校任教。1991 年评聘为副教授;1996 年评聘为教授。参编了 6 部行业标准,20 世纪 90 年代两次主持了国家自然科学基金课题,后来参加或主持了国家"九五""十五""十一五"和"十二五"科技支撑计划项目等科研工作。

科技成果

哈尔滨建筑工程学院暖通专业学者与鸡西无线电专用设备厂共同开发出了"水平流净化空调机组",获黑龙江省优秀科技奖三等奖,并在黑龙江省医院建立了我国第一个净化单元式无菌手术机组,该机组于 1980 年 4 月下旬在省医院手术室安装运行,效果良好。1980 年 5 月初,中日医务工作者在该手术室合作了 3 例手术,手术顺利,无感染。

由中国建筑科学研究院建筑设计研究所、天津大学、北京市建筑设计院、哈尔滨建筑工程学院、唐山市设计处、北京钢窗厂、北京合页厂、北京市建筑五金水暖模具厂、南京散热器厂和北京市第一建筑工程公司等组成的新型钢制散热器研制组,经过一年半的努力成功研制扁管散热器、板式散热器和钢串片对流散热器密闭罩三种新产品，并推广使用。

1981 年

教育发展

哈尔滨建筑工程学院建筑热能工程专业获国家首批硕士学位授予权。至 1982 年，学院 1978 级、1979 级研究生陆续通过学位论文答辩，首批 34 名毕业生被授予工学硕士学位。对授予硕士学位研究生的论文，较广泛地征求了校内外有关专家、教授的意见。有关专家、教授普遍认为这 34 名研究生德智体全面发展，学习成绩普遍优良，具有较强的从事科学研究的能力。

重庆大学获供热、供燃气、通风及空调工程硕士学位授权点。

北京工业大学空调技术专业更名为供热、通风与空调工程专业，招收 5 年制本科生。

青岛理工大学开始筹建暖通专业（供热、供燃气、通风及空调工程专业）教研室和暖通实验室。

教学成果

《燃气输配》第一版（图 2.3.8）：1981 年，哈尔滨建筑工程学院、北京建筑工程学院、同济大学编，中国建筑工业出版社，作为高等学校试用教材。

《燃气输配》第五版：2015 年，段常贵主编，中国建筑工业出版社。

图 2.3.8 《燃气输配》第一版封面

1982 年

教育发展

东华大学设立供热、通风及空调工程专业并招生。

中原工学院设立供热、通风及空调工程专业并招生。

吉林建筑大学成为国家首批供热通风与空调工程专业学士学位授权单位。

教学成果

《工厂高温水采暖》(图2.3.9),盛昌源、潘名麟、白荣春编著,国防工业出版社。

图 2.3.9 《工厂高温水采暖》封面

科技成果

哈尔滨建筑工程学院与哈尔滨第三空调机厂合作,研制成功 Qw－B 系列去雾除湿机,该产品为我国首创。技术鉴定证书如图 2.3.10 所示,技术规格和简要说明如图 2.3.11 所示。此项研究成功地解决了我国北方地区高湿车间的潮湿雾气问题,在东北地区上百高湿车间应用,取得了非常显著的效果。该项研究成果获哈尔滨市 1982 年优秀科技成果二等奖(图 2.3.12)。《哈尔滨日报》在 1982 年 12 月 29 日头版显著位置报道了此项成果(图 2.3.13)。

图 2.3.10 技术鉴定证书

图 2.3.11 技术规格和简要说明

图 2.3.12 获奖证书

图 2.3.13 《哈尔滨日报》报道

同济大学完成了我国自主研发的秦山核电站核反应堆驱动机构通风冷却的 1：1 模型试验。

1983 年

教育发展

南京工业大学开办 3 年制水暖专科专业。

核工业部部属院校衡阳工学院(现南华大学)创建暖通工程专业,1985 年招收第一届全日制本科生。

北京航空学院(现北京航空航天大学)二分院组建制冷教研室,从 1983 年开始低温与制冷工程专业专科生培养,1985 年并入北京联合大学,1987 年开始招收本科生。

科技成果

中国建筑科学研究院空调研究所、同济大学、重庆建筑工程学院、西安冶金建筑学院、哈尔滨建筑工程学院、北京市建筑设计院、北京建筑工程学院、贵州省建筑设计院、有色冶金设计研究总院、纺织工业部设计院、南京大学气象系、西北建筑设计院、西北电力设计院和西南建筑设计院等单位的 30 余名成员共同参加了建筑物供冷供暖负荷计算新方法的研究。科研成果包括气象参数、窗玻璃太阳光学性能、冷负荷系数法、谐波反应法和供暖负荷计算方法等,该项目荣获国家科技进步奖三等奖。空调冷负荷计算方法专刊封面如图 2.3.14 所示。

图 2.3.14　空调冷负荷计算方法专刊封面

哈尔滨建筑工程学院暖通专业教师在国内首次开展寒冷地区小区供热节能研究。此研究荣获 1986 年度中华人民共和国城乡建设环境保护部科学技术进步奖二等奖(图 2.3.15)。

哈尔滨建筑工程学院建成国内第一台低温热水散热器热工性能实验台。学院在国内首先按 ISO 国际标准研制低温热水散热器热工性能实验台,并于 1983 年 7 月由中华人民共和国城乡建设环境保护部科技局主持通过了鉴定;在鉴定后一年多的运行时间内承担了几百片散热器的热工性能鉴定,测试实验数据精度高,复现性好,为散热器及其测试手段在国际上进行合作与交流创造了条件。

高甫生在《国际制冷学报》(SCI 刊物,国内暖通学者首次发表)、德国刊物 *Klima*

图 2.3.15　1986 年度科学技术进步二等奖获奖证书

Kalte Heizung(《空调制冷供暖》)、第十六届国际制冷大会(1983 年法国巴黎)等上发表
论文。

International Journal of Refrigeration(《国际制冷学报》,图 2.3.16)刊载了论文
Establishment of performance charts of an air conditioner with one certified test point
(《只用一个确定的测试点创建空调机组完整的热工特性曲线》,图 2.3.17)。这是我国暖
通专业学者首次在国际权威学术刊物上发表的论文,也是首次在 SCI 刊物上发表的论
文。论文阐述了作者通过实验发现的空调机组热工特性三定律,据此,作者提出了一种
通过焓湿图确定空调机完整的热工特性曲线的简化方法,从而避免了繁重复杂的空调机
组实验测试工作。

图 2.3.16　《国际制冷学报》封面

图 2.3.17　1983 年高甫生在《国际制冷学报》上发表的文章

德国刊物 *Klima Kälte Heizung*（《空调制冷供暖》，图 2.3.18），刊载了徐邦裕、高甫生、马最良发表的论文 *Hilfskondensatorals Nachwärmer zur Regelung der Temperatur und Feuchtigkeit in einem Klimagerät*（《应用辅助冷凝器作为恒温恒湿空调机组再热器》，图 2.3.19），这是我国暖通学者首次在德国学术期刊上发表论文。论文介绍了 1966 年与哈尔滨空调机厂合作研制成功的世界上第一台利用冷凝热作为空调二次加热的新型节能恒温恒湿空调机组；阐述了该机的结构、原理、工作流程和实验研究结果；根据空调机组新流程试验结果，对新型空调流程做了经济技术分析，并给出了新研制成功空调机组的运行结果。论文先由徐教授用英文书写，后请德语老师译成德文。

图 2.3.18　《空调制冷供暖》封面　　　图 2.3.19　高甫生在《空调制冷供暖》上发表的文章

第 16 届国际制冷大会在法国巴黎召开，论文 *The performance analyses and verification of an air conditioner*（《空调机组热工特性的分析与验证》，图 2.3.20）与在《国际制冷学报》上发表的论文相关度较高。该论文进一步阐述空调机组的热工参数变化规律，并将理论计算结果与实验结果相互验证。这篇论文是我国暖通专业学者最早被国际制冷大会接受的论文之一，被编入会议 EI 论文集的预印本。

图 2.3.20　1983 年高甫生在法国巴黎第十六届国际制冷大会上发表的文章

1984 年

教育发展

湖南大学获得供热、供燃气、通风及空调工程专业硕士学位授予权。

东华大学招收供热、供燃气、通风及空调工程专业硕士研究生。

西安建筑科技大学获得供热、供燃气、通风及空调工程专业硕士学位授予权。

西北建筑工程学院(现长安大学)招收首批供热、通风与空调工程专业硕士研究生。

青岛理工大学成立由环境工程系副主任史钟璋教授兼任组长的供热、供燃气、通风及空调工程专业筹备组。

太原工学院更名为太原工业大学,土木系更名为土木与环境工程系。

科技成果

3 月,中国建筑科学研究院空调所受建设部科技局的委托负责主持城市集中供热发展方向及相关政策的研究,此方向的研究为国内首次开展。课题组成员单位为中国建筑科学研究院空调所、哈尔滨建筑工程学院、西北建筑工程学院和北京市热力公司。

1985 年

教育发展

西安交通大学建筑环境与能源应用工程系成立,原名为供热、通风与空调工程教研室(专业),隶属于能源与动力工程学院。

武汉科技大学建筑环境与能源应用工程专业源于武汉冶金建筑高等专科学校 1985 年所设置的供热通风与空调工程专业,是湖北省内开办的第一个暖通专业。1997 年招收供热空调与燃气工程专业本科学生,同年停招专科学生。

河北工程大学创办暖通专业,是当时原煤炭高校唯一设立的暖通专业和河北省域内高校第二个设立的暖通专业。1985 年开始招收专科生,1989 年开始招收暖通专业本科生。

教学成果

《工程热力学》第二版:1985 年,邱信立、廉乐明、李力能、刘书林编,中国建筑工业出版社。

《工程热力学》第五版:2007 年,廉乐明、谭羽非、吴家正、朱彤编,严家騄主审,中国建筑工业出版社。

科技成果

南华大学暖通实验室组建于 1985 年,实验室总建筑面积超 2 000 m^2,设有热工基础实验室、流体力学实验室、通风除尘实验室、暖通空调实验室、环境风洞实验室、建筑节能实验室、气力输送实验室和建筑电气实验室,以及虚拟仿真实验室。

1986 年

教育发展

8 月 11 日,哈尔滨建筑工程学院获得国务院学位委员会正式批准,新增 4 个学科专业的博士学位授予权,8 个学科专业的硕士学位授予权,同时批准了 7 位博士生导师。这次批准的 4 个博士点是:结构工程、市政工程、建筑热能工程、建筑设计;8 个硕士点是:固体力学、实验力学、城市规划与设计、建筑技术、环境工程、道路工程、水力学及河流动力学、地震工程及防护工程;7 位博士生导师是:沈世钊教授、钟善桐教授、王宝贞教授、李圭白教授、梅季魁教授、郭骏教授、刘季教授。哈尔滨建筑工程学院暖通专业获全国第一个该专业的博士学位授予权,郭骏教授为该学科全国第一位博士生导师。同年,该学科获在职人员申请硕士学位授予权。

哈尔滨建筑工程学院建筑热能工程系成立,下设供热、通风与空调工程和城市燃气工程两个专业。为满足学院发展和科研及管理工作需要,学院将原城市建设系分为市政与环境工程系、道路与交通工程系和建筑热能工程系。

中国人民解放军理工大学为全国人防系统定向培养给排水通风空调工程专业人防本科生。

东华大学获得供热、供燃气、通风及空调工程硕士学位授予权。

青岛理工大学面向全国招收第一届本科生(31 人),是山东省最早开设暖通专业的两个学校之一。1989 年首届本科生毕业。

中南大学建筑环境与能源应用工程专业主体源于原长沙铁道学院的制冷空调学科。长沙铁道学院从 20 世纪 70 年代起就开展了制冷空调及冷藏运输方面的研究工作,1985 年在机车车辆系(后来发展成机电工程学院)成立制冷空调教研室,并开始招收制冷空调专业专科学生。

西安交通大学开始招收本科生,年招生人数 30～35 人,同时培养硕士和博士研究生。

东北石油大学建筑环境与能源应用工程专业是土木类本科专业,其前身是 1986 年创办的热力涡轮机专业。

科技成果

哈尔滨建筑工程学院建筑热能工程系参与国内首部洁净厂房设计规范的编制。为工业厂房的洁净室的设计提供了设计指导,同时规定验收的内容和指标以及方法和步骤,并对使用的器材、设备和材料提出具体要求,对洁净室的规范化起到了巨大的推动作用。

1987 年

教育发展

同济大学为适应改革开放的形势成立机械与能源工程学院,当时设置 3 个系:热能工程系、机械工程系、汽车工程系。

中国人民解放军理工大学获供热、供燃气、通风及空调工程硕士学位授权,并开始招收暖通学科硕士研究生。

武汉城市建设学院(后并入华中科技大学)开始在全国招收城市燃气工程专业本科生。

科技成果

国内第一台高温水、蒸汽－水冷式散热器热工性能实验台建成。该实验台的搭建解决了国内无法准确测定散热器热工性能的问题。学生可通过该实验台了解散热器构造，掌握散热器散热量的测定原理及方法，测定不同散热器的传热系数，计算并分析散热器的散热量与热媒体流量和温差的关系。

国内第一台高温水、汽水两用锅炉成功研制生产。该锅炉采用自然循环形式，其创新之处在于蒸汽和热水同时从锅筒引出，即蒸汽锅炉和热水锅炉融为一体。蒸汽和热水负荷的比例可任意调节。该锅炉既可单独作为蒸汽锅炉运行，也可按照锅炉蒸汽定压方式的热水锅炉运行，还可按满水状态下作热水锅炉运行。该锅炉的研制既可同时满足热水和蒸汽需求，为锅炉房的设计、管理运行和维修带来方便条件，又可减少锅炉房的初投资。

1988 年

教育发展

中国矿业大学建筑环境与能源应用工程专业始办于 1988 年，1989 年招收第一届供热通风与空调工程技术专科学生，1999 年专业更名为建筑环境与设备工程，开始招收本科生。

合肥工业大学因地方经济发展的需要，1988 年，在原建筑工程系设置了暖通专科专业，1989 年开始招生，是安徽省最早创办建筑环境与设备工程专业的院校。

太原工业大学土木与环境工程系的暖通、给排水和环境工程 3 个专业独立建系，定名为太原工业大学环境与市政工程系。

天津大学供热、供燃气、通风与空调工程专业正式通过住房和城乡建设部（简称住建部）专业教育评估。

北京建筑大学供热、通风与空调工程专业通过全国高等教育专业评估，评为 B 级，成为最早通过专业评估的本科院校之一。

教学成果

《施工技术及组织》（图 2.3.21），刘耀华主编，刘祖忠、马最良（图 2.3.22）、邹平华参编，中国建筑工业出版社。

图 2.3.21 《施工技术及组织》封面

图 2.3.22 马最良教授

《热泵》(图 2.3.23):1988 年,徐邦裕、陆亚俊、马最良编,彦启森审,中国建筑工业出版社。这本教材是国内第一本热泵教材,被一些学术论文和著作引用几百次,1999 年被评为建设部优秀教材二等奖,为在我国普及与推广热泵技术起到积极的作用。

图 2.3.23 《热泵》封面

马最良,生于 1940 年,1964 年 9 月毕业于哈尔滨建筑工程学院暖通空调专业。马最良教授从事高等教育工作以来,曾承担过制冷、热泵、锅炉及锅炉房设备等多门课程的教学工作,为国家培养了大批暖通空调专业的本科生、研究生。多年来,他一直坚持教学与科研兼重,从事的主要研究方向有:热泵技术在我国暖通空调中应用的评价;暖通空调设备的研制与开发;暖通空调设备性能试验方法的研究与发展。

陆亚俊,1953 年入哈尔滨工业大学预科学习,主修俄文;1954 年升入本科土木系供热与通风专业学习;1959 年哈尔滨建筑工程学院独立成校后随之转入哈尔滨建筑工程学院,并于该年 9 月完成学业顺利毕业;毕业后选择留校,成为一名年轻骨干教师。曾承担多门课程的教学,包括数学基础课"矢量与张量"及专业课"空调冷源"等。1986～1994 年任建筑热能工程系系主任。其编著的教材《暖通空调》及《空调工程中的制冷技术》逻辑清晰,重点明确,既有理论深度,又与工程实际紧密相连,目前仍被很多所高校作为专业教材使用。

科技成果

1988 年,哈尔滨建筑工程学院研制了建筑物足尺外围护结构构件的动态热工性能实验装置——大型动态热箱群。动态热箱装置属国内首创,它可为建筑物供暖能耗研究提供良好的实验基地。哈尔滨建筑工程学院建成的具有国际领先水平(已鉴定)的建筑热工动态热箱实验装置,以该热箱的足尺窗墙组合体为试件,进行了供暖能耗实验和识别研究。

我国第一台直埋供热管道沙箱实验台建成。沙箱实验即在沙箱中安装由工作管、保温层、外护钢管组成的直埋管道成品试件。通过沙箱实验台可对直埋管道外护管的摩擦系数等参数进行测试。

1989 年

教育发展

长沙铁道学院(现中南大学)开始招收供热通风与空调工程专业本科学生。
西南交通大学创办供热、供燃气、通风及空调工程专业。

科技成果

郭骏、许文发、徐礼白、方修睦、郑茂余、范洪波、吴继臣开展了我国第一个节能示范小区——嵩山小区的建筑节能工作,获得 1995 年建设部科学技术进步奖二等奖(图 2.3.24)。嵩山小区为国家两部两局确定的第一个按照建筑节能 50%标准设计、建造及运行管理的节能示范小区。建筑节能试点示范小区建设,是以建筑节能为主要标志的综合运用节能规划设计、新型复合墙体、节能门窗、节能型供暖与通风、太阳能热水器、照明节电设备等综合或单项节能技术的住宅工程。我国第一个节能示范小区的建设为我国节能建筑开辟了道路,树立了榜样,对我国可持续发展战略具有重要意义。科学技术成果鉴定证书如

图 2.3.25 所示。获得的奖章如图 2.3.26 所示。

图 2.3.24　获奖证书

图 2.3.25　科学技术成果鉴定证书

图 2.3.26　获得的奖章

郑茂余于 1973 年被推荐至哈尔滨建筑工程学院进行学习;1978 年攻读硕士研究生学位;1981 年毕业后留校任教。主要的研究方向是建筑节能,研究成果丰硕。

1990 年

教育发展

1月,哈尔滨建筑工程学院进行了暖通专业首届博士学位论文答辩。朱业樵作为我国暖通燃气学科第一位博士及博士后研究人员,他的博士论文《建筑围护结构动态热特性识别及能耗分析》，获得国内 40 多位知名专家的高度评价，继而获得黑龙江省科协首届青年科技奖及中国科协第三届青年科技奖。截至 1993 年，朱业樵曾发表 27 篇论文，多次获奖；他先后参加过国家自然科学基金、国家七五科技攻关等数个项目的研究工作。国家自然科学基金评审委员会在市政大组评出三个 1991 年青年科学基金获得者，朱业樵排名第一。首届博士学位论文答辩合影如图 2.3.27 所示；朱业樵博士论文封面如图 2.3.28 所示；朱业樵博士论文内容摘要如图 2.3.29 所示；朱业樵博士论文结束语及展望如图 2.3.30 所示；朱业樵博士在读期间参加的主要科研工作和发表的论文如图 2.3.31 所示。朱业樵博士论文致谢如图 2.3.32 所示。

图 2.3.27　首届博士学位论文答辩合影（后排右起第四位为朱业樵）

图 2.3.28　朱业樵博士论文封面

图 2.3.29　朱业樵博士论文内容摘要

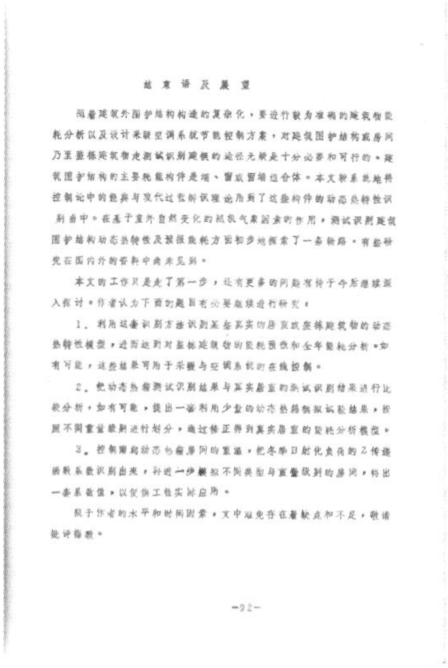

结束语及展望

随着建筑外围护结构构造的复杂化，要进行较为准确的建筑物能耗分析以及设计采暖空调系统节能控制方案，对建筑围护结构或房间乃至整栋建筑物走测试识别建模的途径无疑是十分必要和可行的。建筑围护结构的主要耗能构件是墙、窗或窗墙组合体。本文较系统地将控制论中的经典与现代过程辨识理论用到了这些构件的动态热特性识别当中。在基于室外自然变化的扰动气象因素的作用，测试识别建筑围护结构动态热特性及预报能耗方面初步地探索了一条新路。有些研究在国内外的资料中尚未见到。

本文的工作只是走了第一步，还有更多的问题有待于今后继续深入探讨。作者认为下面的题目有必要继续进行研究：

1、利用这套识别方法识别某些真实的房间或整栋建筑物的动态热特性模型，进而达到对整栋建筑物的能耗预报和全年能耗分析。如有可能，这些结果可用于采暖与空调系统的在线控制。

2、把动态热箱测试识别结果与真实房室的测试识别结果进行比较分析，如有可能，提出一套利用少量的动态热箱模拟试验结果，按照不同重量级别进行划分，通过修正得到真实房室的能耗分析模型。

3、控制用的动态热箱房间的室温，把冬季日射化负荷的Z传递函数系数识别出来，并进一步模拟不同类型与重量级别的房间，得出一套系数值，以便供工程实际应用。

限于作者的水平和时间因素，文中难免存在着缺点和不足，敬请批评指教。

—92—

图 2.3.30　朱业樵博士论文结束语及展望

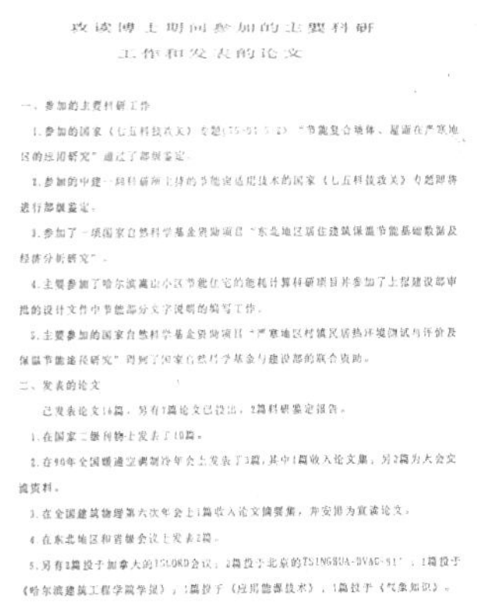

攻读博士期间参加的主要科研工作和发表的论文

一、参加的主要科研工作

1.参加的国家《七五科技攻关》专题(75-51-5-2)"节能复合墙体、屋面在严寒地区的应用研究"通过了部级鉴定。

2.参加的中建一局科研所主持的节能建筑适用技术的国家《七五科技攻关》专题即将进行部级鉴定。

3.参加了一项国家自然科学基金资助项目"东北地区居住建筑保温节能基础数据及经济分析研究"。

4.主要参加了哈尔滨嵩山小区节能住宅的能耗计算科研项目并参加了上报建设部审批的设计文件中节能部分文字说明的编写工作。

5.主要参加的国家自然科学基金资助项目"严寒地区村镇民居热环境测试与评价及保温节能途径研究"得到了国家自然科学基金与建设部的联合资助。

二、发表的论文

已发表论文16篇，另有1篇论文已投出，2篇科研鉴定报告。

1.在国家二级刊物上发表了10篇。

2.在90年全国暖通空调制冷年会上发表了3篇，其中1篇收入论文集，另2篇为大会交流资料。

3.在全国建筑物理第六次年会上1篇收入论文摘要集，并安排为宣读论文。

4.在东北地区和省级会议上发表2篇。

5.另有1篇投于加拿大的ISLORD会议；2篇投于北京的TSINGHUA-DVAC-91'；1篇投于《哈尔滨建筑工程学院学报》；1篇投于《应用能源技术》；1篇投于《气象知识》。

图 2.3.31　朱业樵博士在读期间参加的主要科研工作和发表的论文

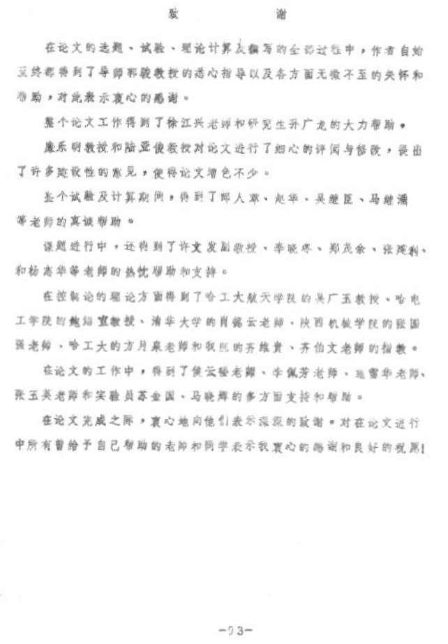

致　　谢

在论文的选题、试验、理论计算及编写的全部过程中，作者自始至终都得到了导师郭骏教授的悉心指导以及各方面无微不至的关怀和帮助，对此表示衷心的感谢。

整个论文工作得到了徐江兴老师和研究生孙广龙的大力帮助。

鹿乐明教授和陆亚俊教授对论文进行了细心的评阅与修改，提出了许多建设性的意见，使得论文增色不少。

整个试验及计算期间，得到了郑人草、赵华、吴继臣、马继涌等老师的真诚帮助。

课题进行中，还得到了许文发副教授、李晓冬、郑茂余、张连利、和杨志华等老师的热忱帮助和支持。

在控制论的理论方面得到了哈工大航天学院的吴广玉教授、哈电工学院的鲍焕宣教授、清华大学的肖锦云老师、陕西机械学院的张国强老师、哈工大的方月泉老师和牧院的齐维贵、齐伯文老师的指教。

在论文的工作中，得到了侯宏婴老师、李佩芳老师、施雪华老师、张玉英老师和实验员苏金国、马晓辉的多方面支持和帮助。

在论文完成之际，衷心地向他们表示深深的致谢。对在论文进行中所有曾给予自己帮助的老师和同学表示我衷心的感谢和良好的祝愿！

—93—

图 2.3.32　朱业樵博士论文致谢

兰州交通大学建筑环境与能源应用工程专业，由暖通专业更名的建筑环境与设备工程专业再次更名而来，隶属于环境与市政工程学院，1990 年招收第一届专科生，1994 年招收第一届本科生。

东北石油大学建立热能工程硕士学位点。

科技成果

哈尔滨市政府和市商委聘请哈尔滨建筑工程学院专家对哈尔滨第一百货商店空调

制冷系统进行全面改造。经改造施工后,商场内全面达到了舒适的温湿度标准,空气品质得到很大改善,改造后的空调制冷系统具有良好的调节性能。这座当时国内面积最大的百货大楼的空调系统的改造和设计成功,成为哈尔滨后续大型商业工程建设的典范。

1991 年

教育发展

6 月,哈尔滨建筑工程学院暖通燃气专业所在的土木工程学科建成博士后流动站,可接收博士后研究工作人员。哈尔滨建筑工程学院成为国内同类学科最早形成"本科—硕士—博士—博士后"一整套人才培养体系的单位,其土木工程学科也是国内唯一在区域供热、空调制冷、燃气输配等方面全面发展的学科。哈尔滨建筑工程学院是我国著名的建筑老八校之一。改革开放以来学院的迅速发展和提高,在国内外同类院校和建筑业领域产生了很大影响,受到了国家相关部门的重视。1993 年 10 月,经国家教委评议通过,并于 1994 年 1 月 17 日正式下文,批准哈尔滨建筑工程学院更名为哈尔滨建筑大学,哈尔滨建筑工程学院建筑热能工程系更名为哈尔滨建筑大学建筑热能工程系。

南京工业大学将 3 年制水暖专科专业升为 4 年制暖通工程本科专业,是江苏省第一批进行本科教学的学校。

华南建设学院(现广州大学)经广东省人民政府和国家教委的批准成立,开始招收制冷与空调专业专科生。

南京理工大学建筑环境与能源应用工程专业是土木类本科专业,于 1990 年在流体力学教研室基础上试办学,1994 年正式获准成立。

1992 年

教育发展

天津大学供热、供燃气、通风与空调工程学科获得硕士学位授予权。
北京工业大学暖通教研室分建"制冷与低温技术工程"教研室。
青岛理工大学暖通与热泵实验室被评为原冶金工业部重点实验室。
安徽建筑大学开始首届供热、通风与空调工程专业(高等专科)招生。

教学成果

《制冷技术与应用》,陆亚俊、马最良、庞至庆编著,中国建筑工业出版社(图 2.3.33)。

图 2.3.33 《制冷技术与应用》封面

1993 年

教育发展

天津大学供热、供燃气、通风与空调工程学科与建筑学院合作申请建筑技术专业博士点。

湖南大学暖通学科获得博士学位授予权。

北京建筑大学获得供热、供燃气、通风及空调学科硕士学位授予权。

华中理工大学(后并入华中科技大学)开始招收供热通风及空调工程专业本科生。

北京工业大学以饭店工程专业开始招收 4 年制本科班,侧重于运行和施工管理。

青岛理工大学获得二级学科供热、供燃气、通风及空调工程专业硕士学位授予权。

为适应北京市建筑行业不同阶段的发展趋势与人才需求,北京联合大学低温与制冷工程专业调整为空调制冷专业。

教学成果

《热水供暖网路》,王义贞、方修睦、索菲、沈尔成、尚晓云编著,经济日报出版社(图2.3.34)。

科技成果

国内暖通专业学者最早出版个人研究成果专集《高甫生空调论文选集》。该论文集

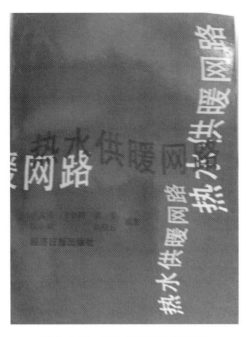

图 2.3.34 《热水供暖网路》封面

是我国暖通专业人员最早出版的个人研究成果专集,收集了高甫生以及他与合作者共同在国内外学术期刊和会议上发表的论文 33 篇。论文集集中反映了作者早期在空调方面的研究成果。其中,多项研究成果获得了省部级或哈尔滨市优秀科技成果奖。作者完成的所有研究项目均没有国家科研经费资助,主要靠与厂家合作或自主完成。《哈建工院报》中关于《高甫生空调论文选集》的报道如图 2.3.35 所示。

图 2.3.35 《哈建工院报》中关于《高甫生空调论文选集》的报道

哈尔滨建筑工程学院建筑热能工程系主编国内首部《供热术语标准》(CJJ55—1993)。国内首部供热术语标准的编制是供热专业健康发展的重要保障,是提高专业交流效率的重要前提,对专业的提升具有基础性、先导性和全局性的作用。供热术语标准的建立是一项意义重大、影响深远的工作,对暖通专业具有十分重要的意义。

1994 年

教育发展

3 月,哈尔滨建筑大学隆重举行新校名揭牌庆典。新校名揭牌庆典由副校长张耀春主持,校长沈世钊讲话。建设部人事教育劳动司副司长李竹成宣读学校更名的文件。

哈尔滨建筑工程学院更名为哈尔滨建筑大学,是国家对学校多年来自强不息、努力发展,特别是近年来改革、发展状况和教学、科研水平的充分肯定和评价。哈尔滨建筑工程学院更名为哈尔滨建筑大学揭牌庆典如图 2.3.36 所示。学校更名之时,已经是一所具有一定规模和较高学术规格、在国内外有一定影响的建筑高等学府。学校更名后,为学校的进一步发展拓宽了空间,提供了更好的框架和更多的潜在机遇,大大增强了全校师生员工争进国家“211 工程”,努力创建一流大学的信心和决心。

图 2.3.36 哈尔滨建筑工程学院更名为哈尔滨建筑大学揭牌庆典

2000 年,哈尔滨建筑大学与哈尔滨工业大学合并,学校名称为哈尔滨工业大学。两校合并公告如图 2.3.37 所示。

华南建设学院为适应广州以及珠江三角洲城市发展,开始招收建筑设备工程专业专科生。

信息名称:	1990年以来高校合并情况（截止到2006年5月15日）		
信息索引:	360A03-07-2006-0684-1 生成日期: 2006-05-15	发文机构:	中华人民共和国教育部
发文字号:	信息类别: 高等教育		
内容概述:	1990年以来高校合并情况（截止到2006年5月15日）		

1990年以来高校合并情况（截止到2006年5月15日）

序号	合并后学校名称	主管部门	参与合并学校名称	合并时间
273	哈尔滨工业大学	国防科工委	哈尔滨工业大学 哈尔滨建筑大学	2000-5-31

图 2.3.37 两校合并公告

长沙铁道学院(现中南大学)开始招收机车车辆专业空调制冷方向硕士研究生。

上海理工大学建筑环境与能源应用工程(原供热、供燃气、通风与空调工程)专业经教育部批准,1994年创办动力工程学院,1997年开始在环境与建筑学院招生。每年的学生规模控制在1~3个班。

西南科技大学供热通风与空调工程专业开始招生。

东北石油大学1994~1997年面向全国招收供热通风与空调工程专业专科生。

教学成果

《两相流体力学》,王慕贤、张维佳编著,哈尔滨工业大学出版社。

《建筑设备工程》,魏学孟主编,中央广播电视大学出版社。

《流体力学与流体机械》,屠大燕主编,中国建筑工业出版社。

1995 年

教育发展

哈尔滨建筑大学供热、通风与空调工程和城市燃气工程两个本科专业,重新合并为供热、供燃气、通风及空调工程专业。

重庆大学新设建筑设备工程专业。

湖南大学建立土木水利博士后科研流动站。

北京建筑大学供热、供燃气、通风及空调学科被确定为北京市重点建设学科。

武汉城市建设学院(后并入华中科技大学)开始在全国招收供热通风及空调工程专业本科生。

南京工业大学暖通专业顺利获得学士学位授予权。

青岛理工大学开始招收暖通学科硕士研究生(2名),1998年首届硕士研究生毕业并获工学硕士学位。

西南交通大学获得供热、供燃气、通风及空调工程学科硕士学位授予权。

教学成果

《建筑节能与供暖》,郑茂余编著,黑龙江科技出版社。

1996 年

教育发展

华中理工大学(后并入华中科技大学)开始招收供热、供燃气、通风及空调工程专业硕士研究生。

北京工业大学热能工程系的供热、供燃气、通风及空调工程学科获硕士学位授予权。

青岛理工大学暖通与热泵实验室被评为山东省重点实验室。

南华大学暖通教研室被评为湖南省优秀教研室。

北京联合大学空调制冷专业进一步调整为暖通空调专业。

教学成果

《民用供暖散热器》,萧日嵘、牟灵泉、董重成编著,清华大学出版社(图 2.3.38)。

图 2.3.38 《民用供暖散热器》封面

董重成,生于 1951 年 12 月,毕业于哈尔滨建筑工程学院,后留校任教,曾任中国建筑学会暖通空调分会理事、中国建筑节能协会供热计量专业委员会副主任。主持并参加国际合作、国家级、省部级科研课题 30 余项,担任"十一五"国家科技支撑计划重大课题"既有建筑设备改造关键技术研究"负责人,科研成果有 5 项达到国际领先水平,获省部级科技进步奖 12 项。主编和参编教材、论著及手册 9 部,主编和参编国家、行业标准 28 部,获授权国家发明专利 8 项,发表学术论文 120 余篇。曾先后多次到法国、德国、俄罗斯、美国等国进行学术交流。

1997 年

教育发展

天津大学学院制改革以后,供热、供燃气、通风与空调工程专业成为建筑设备工程系,隶属于建筑工程学院。

西安科技大学暖通专业于 1997 年在原西安矿业学院矿山通风与安全专业基础上创建,1998 年招收首届供热、通风与空调工程专业本科生。

教学成果

《现代建筑设备》,林茂安、盛晓文、颜伟中、吴明月主编,黑龙江科技出版社。

《空调工程中的制冷技术》,陆亚俊、马最良、姚杨编,哈尔滨工程大学出版社(2001 年第二版)。

《工程热力学》,邱信立、廉乐明、李力能、刘书林编,中国建筑工业出版社,国家级教学成果奖教材二等奖。

1997 年,哈尔滨建筑大学马世君获"黑龙江省三育人优秀个人"称号。

马世君老师主讲"锅炉房工艺及设备""建筑设备施工技术及组织""热工仪表""热工基础""专业俄语"等课程。马老师秉持"育人先育己,成就高尚师德"的信念,做好暖通专业的各项工作,以科学严谨的教学作风和宽广厚实的业务知识,言传身教,在学生中树立了一位优秀教师的形象,使学生受到潜移默化的影响,努力成为优秀的"双向导师",既做学生的科学文化导师,也做学生的政治思想导师。

1978~1995 年,国内热泵行业主要开展了以下几项工作。

(1)热泵空调技术在我国应用的可行性研究。

(2)小型空气/空气热泵(家用热泵空调机组)的理论与实验研究。在此期间,我国大量引进国外空气/空气热泵技术和先进生产线,我国家用热泵空调器开始较快地发展。

由 1980 年年产量 1.32 万台到 1988 年年产量 24.35 万台,增长速度非常快,但年产量却很小,其中很多都是进口件组装的或仿制国外样机,这些产品是否适合我国的气候条件,在我国气候条件下是否先进,这些问题亟待研究解决。为此,我国开始对小型空气/空气热泵展开一些基础性的实验研究工作。在短短的 10 年里,做出许多成绩,如:为开发家用热泵空调器新产品,对进口样机进行详细的实验研究;我国小型空气/空气热泵季节性能系数的实验研究;小型空气/空气热泵的除霜问题的研究;小型空气/空气热泵室外换热器的优化研究等。

(3)热泵产品的研发和热泵系统的应用。20 世纪 80 年代初开发了分体热泵空调器;厦门国本空调冷冻工艺有限公司也于 20 世纪 80 年代末开发出用全封压缩机(5Rt~60Rt)、半封压缩机(80Rt~200Rt)、双螺杆压缩机(>200Rt)组成的空气源热泵冷热水机组产品。空气源热泵、水源热泵以及大地耦合热泵系统的应用也开始崭露头角。

(4)工业热泵的应用优于暖通空调上的应用。1978~1988 年,由于我国国内生产总值(GDP)较低,国家正在大力发展工业,电力供应紧张,国家限制民用电气产品过早进入家庭。因此,在当时普遍的看法是我国热泵的发展应先从工业应用开始,在此期间,发表的热泵文献中有 41% 为工业热泵内容,主要集中在三方面的应用:一是干燥去湿(木材干燥、茶叶干燥等);二是蒸汽喷射式热泵在工业中的应用;三是热水型热泵(游泳池、水产养殖池冬季用热泵加热等)。

(5)国外知名热泵生产厂家开始来中国投资建厂。例如美国开利公司是最早来中国投资的外国公司之一,于 1987 年率先在上海成立合资企业。

(6)20 世纪 90 年代,根据我国实际情况制定出空气源热泵冷热水机组的标准,同时采用大容量的螺杆式压缩机和小容量的涡旋压缩机的空气源热泵冷热水机组产品日趋成熟。因此,用空气源热泵冷热水机组作为公共和民用建筑空调系统的冷热源开始被国内设计部门、业主所接受,尤其在华中、华东和华南地区逐步形成中小型项目的设计主流,其应用范围越来越广。1995 年以后,其应用范围由长江流域开始扩展到黄河流域,在京津地区、山东胶东地区、济南、西安等地区都开始选用空气源热泵冷热水机组作为空调系统的冷热源。

第四节　学科创新发展阶段(1998～2020 年)

1998 年

教育发展

根据教育部对普通高等学校本科专业目录调整,供热、供燃气、通风与空调工程专业更名为建筑环境与设备工程专业。

哈尔滨建筑大学获得流体力学硕士学位授予权。学校增加建筑环境学、流体输配管网、热质交换原理与设备等专业基础平台,建成了符合国家新专业目录要求的建筑环境与设备工程专业,并于 1999 年成为建设部重点学科,暖通空调实验室成为建设部重点实验室。

西安建筑科技大学获准供热、供燃气、通风及空调工程专业博士学位授予权,为当时国内相同学科四个拥有博士点的学科之一,并被评为陕西省重点学科,所属一级学科"土木工程"设置博士后科研流动站。

山东建筑大学获准供热、供燃气、通风与空调工程专业硕士学位授权。

中国人民解放军理工大学挂靠防灾、减灾及防护工程博士点开始招收博士生。

华南建设学院开始招收建筑环境与设备工程专业本科生,并授予学士学位。

北京工业大学进行院系调整,土木工程系、建筑系、供热、供燃气、通风及空调工程专业和建筑勘察设计院 4 个单位合并成立建筑工程学院。同年,供热、供燃气、通风及空调工程专业由 5 年制招生调整为 4 年制招生。

沈阳建筑大学市政工程、供热、供燃气、通风及空调工程学科获得硕士学科点,同年招生。

长安大学将"供热通风与空调工程""城市燃气工程""供热空调与燃气工程"3 个专业整合为"建筑环境与设备工程"专业。

长沙铁道学院(现中南大学)获得制冷及低温工程硕士学位授予权,是湖南省高校和原铁道部部属高校中第一个拥有制冷及低温工程学位点的高校。

太原工业大学的土木系、建筑系、环境与市政工程系和水利工程系共同组建了太原理工大学建筑与环境工程学院,环境与市政工程系更名为环境工程系。1997 年太原工业大学更名为太原理工大学。

教学成果

哈尔滨建筑大学"传热学"获建设部一类优秀课程。

哈尔滨建筑大学"制冷"获建设部一类优秀课程。

科技成果

同济大学完成了秦山核电站二期的模型试验。

1999 年

教育发展

10月,哈尔滨建筑大学根据建设部教育司关于建设部重点实验室的精神和学校实验室实际情况,申报6个实验室参加评审。建设部重点实验室建筑节能实验室大厅如图2.4.1所示;建筑节能实验室门牌如图2.4.2所示。到1999年底,这6个实验室全部通过评审。1999年12月,校教务处又组织专家组对各基础实验室进行了自评,认为基本达到要求。重点实验室的建设,对学校实验室管理工作的科学化、规范化起到了极大的促进作用。到1999年底,热能系已建立起一整套完整的实验室规章制度;编写了各门课程实验教学大纲;制订了实验室工作人员培训计划,为教学、科研创造了良好的条件。哈尔滨建筑大学第三次实验室工作会议合影如图2.4.3所示。

图 2.4.1　建设部重点实验室建筑节能实验室大厅

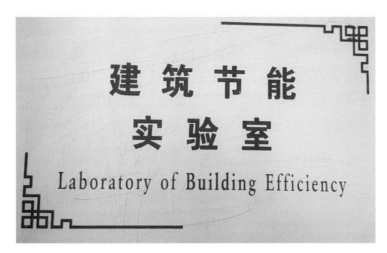

图 2.4.2　建筑节能实验室门牌

图 2.4.3　哈尔滨建筑大学第三次实验室工作会议合影

清华大学根据教育部的规定,将暖通专业名称从供热通风与空气调节改为建筑环境与设备工程,同时空调教研组也相应改为"建筑环境与设备研究所",并调整到建筑学院。

重庆大学供热通风与空调工程专业、城市燃气工程专业、建筑设备工程专业整合扩充为建筑环境与设备工程专业。

中国人民解放军理工大学建筑环境与设备专业按国防(人防)建筑设备工程专业培养。

北京工业大学将供热、通风与空调工程专业和饭店工程专业正式更名为建筑环境与设备工程专业。

北京建筑大学将供热通风与空调工程专业和城市燃气工程专业合并调整为建筑环境与设备工程专业。

大连理工大学创办建筑环境与设备工程专业,同年 9 月开始招收第一届 4 年制本科生,招生规模为每年1个班,30人。

上海理工大学开始招收供热、供燃气、通风及空调工程专业硕士研究生,随着学位点的增加,研究生每年的招生人数也由最初的2人增加至近40人。

南华大学建筑环境与设备工程专业被评为湖南省重点建设专业。

东北林业大学建筑环境与能源应用工程专业始建于1999年,2000年开始招生。

科技成果

清华大学建筑物理环境检测中心散热器热工性能检测室(原清华大学散热器热工性能检测室)是国家技术监督局全国工业产品生产许可证办公室批准的全国三家散热器检测中心之一。该实验台依据《供暖散热器散热量测定方法》(GB/T 13754)建成,检测项目包括采暖用散热器散热量、压力和水阻力的检测,散热量检测精度达到3%,1999年该实验室获得国家CMA质量认证。

大连理工大学创建建筑环境与设备研究所。

北京建筑大学建成了"中法能源培训中心",把欧盟的先进设备和教育理念引入我国。中法能源培训中心是中法两国政府间合作项目,其宗旨是将欧洲的先进技术介绍到国内,是建筑环境与设备工程专业的学生进行实践教学的重要基地。中法能源培训中心的技术平台上安装有欧洲先进的设备并可实际投入运行。通过第一期和第二期建设,中法能源培训中心实验室面积超2 000 m²,拥有当时国内最先进的实践平台,包括壁挂锅炉实践平台、供暖燃气锅炉实践平台、供热系统实践平台、制冷系统实践平台、空调通风系统实践平台、地板采暖系统实践平台、地源热泵系统实践平台、太阳能光电光热系统实践平台等共10个平台,全部为欧盟设备。

2000 年

教育发展

哈尔滨工业大学与同根同源的哈尔滨建筑大学合并,组成新的哈尔滨工业大学,建筑环境与设备工程专业也重新回归哈尔滨工业大学。在学校和学院领导的关心及教务处、国资处等部门的大力协助下,专业建设取得了显著进步和发展。

重庆大学获供热、供燃气、通风及空调工程专业博士学位授权点,设博士后流动站。

中国人民解放军理工大学的供热、供燃气、通风及空调工程专业正式招收本专业博士研究生,并于2001年被评为江苏省重点建设学科。

同济医科大学、武汉城市建设学院与华中理工大学合并组建华中科技大学,武汉城市建设学院建筑环境与能源应用工程专业和华中理工大学供热通风及空调工程专业合并成华中科技大学建筑环境与能源应用工程专业。

广州大学由广州师范学院、华南建设学院(西院)、广州教育学院、原广州大学和广州高等师范专科学校等高校合并组建而成。同年获供热供燃气通风及空调工程专业硕士学位授予权,2002年正式招收第一批硕士研究生。

长安大学正式成立,建筑环境与设备工程专业整合到长安大学环境科学与工程学院。

中国人民解放军理工大学设立了全国人防工程内部环境与设备研究中心。

中南大学经过三校合并成立后,原长沙铁道学院和中南工业大学的制冷空调学科合并组建了新的制冷空调学科和建筑环境与设备工程专业,供热供燃气通风与空调学科同时获得硕士、博士学位授予权。

安徽建筑大学开始建筑环境与设备工程专业本科招生,高等专科停止招生。

大连理工大学获批供热、供燃气、通风及空调工程专业硕士点和博士点,同年招收硕士生。

西南交通大学暖通学科获得博士学位授予权。

中国矿业大学成立建筑环境与设备工程系。

南华大学获供热、供燃气、通风及空调工程专业硕士学位授予权。

重庆科技学院开始筹办建筑环境与设备工程技术专科专业,于2001年秋季开始招生。2004年,重庆工业高等专科学校和重庆石油高等专科学校合校升本后,该专业并入建筑工程学院。

河北工程大学暖通学科获河北省高校第一个本专业硕士学位授予权。

科技成果

11月,哈尔滨工业大学建成建筑节能建设部重点实验室。纵观我国目前的发展道路,推进建筑节能和绿色建筑发展,是落实国家能源生产和消费革命战略的客观要求,是加快生态文明建设、走新型城镇化道路的重要体现,是推进节能减排和应对气候变化的有效手段,是创新驱动增强经济发展新动能的着力点。因此,建筑节能建设部重点实验室的落成,对于建设节能低碳、绿色生态、集约高效的建筑用能体系,实现绿色发展具有重要的现实意义和深远的战略意义。

大连理工大学建筑环境与设备工程实验室始建于2000年,是建筑环境与设备工程专业的教学实验和科研的重要基地。2002年实验室开出专业培养计划全部专业实验课程。2004年实验室纳入学院专业实验中心管理,标志着专业实验室的初步建成。2003

年实验室得到了"985 一期"学科建设经费支持,建设了室内空气品质检测实验室。2007 年建筑环境与设备工程专业实验室通过引进高层次人才获得"985 二期"学科建设经费资助。2008 年实验室纳入"985 三期"学科建设计划;2009 年实验室纳入大连理工大学土木水利国家实验教学示范中心申报建设计划,标志着建筑环境与设备工程专业实验室进入高层次、快速发展时期。2012 年 12 月建筑环境与能源应用工程专业实验室通过土木水利国家级实验教学示范中心实验室建设验收。2017 年实验室获得国家"双一流"建设经费支持,建筑环境与设备工程专业建设又上了一个新台阶。实验室总面积约 857 m²,拥有门类比较齐全的本学科先进实验仪器设备及一批自主设计和研发的综合性实验系统。现有各类实验仪器设备 690 余台(件),总资产价值约 1 200 万元。其中单价超过 10 万元的大型仪器设备有 21 台(套),自主开发研制有 60 套(件)。建筑环境专业实验室承担了建设工程学部学科前沿实验,以及建筑环境与设备工程专业各类实验课程等教学任务。在"变教为导,变学为悟"教学理念指引下,全面整合实验教学内容,增设自主设计型和创新型实验,创建以学生为核心的开放式实验教学模式。为在校本科生参加课外实践活动及大学生创新创业训练计划项目提供实验条件,满足了本科生基础教育和创新实践的要求。

2001 年

教育发展

天津大学建筑环境与设备工程专业与环境工程专业、环境科学专业共同组建了环境科学与工程学院。

北京建筑大学经由北京市教委、北京市科委批准将供热、供燃气、通风与空调工程实验室设为首批北京市重点实验室。

青岛理工大学暖通与热泵实验室被评为山东省重点强化实验室。

南京理工大学获得供热、供燃气、通风及空调工程专业硕士学位授予权,并于 2002 年开始招收硕士研究生。

武汉科技大学开始招收供热、供燃气、通风及空调工程专业硕士研究生。

合肥工业大学申报设置建筑环境与设备工程本科专业并获得教育部批准,2002 年开始本科招生。

教学成果

《流体力学》(面向 21 世纪课程教材),刘鹤年主编,中国建筑工业出版社(2004 年第二版)。

《水力学》(全国高等教育自学考试指定教材),刘鹤年主编,武汉大学出版社。

《工程流体力学》,张维佳主编,刘鹤年主审,黑龙江科技出版社。

西安建筑科技大学连之伟负责的项目"面向 21 世纪建筑环境与设备工程专业教学改革实践"获陕西省教学成果奖一等奖。

学术会议

从 2001 年开始,武汉科技大学一直作为主要承办单位负责举办历届湖北省暖通空调制冷及热能动力学术年会。该年会为湖北省建设主管部门、高校、设计院、研究院、施工单位和设备厂家提供了相关政策、理论、技术的交流平台。

2002 年

教育发展

同济大学在院系改革中,撤"系"建"所",以国家教育部颁布的二级学科为主形成学院直属的 8 个研究所(机械设计及理论研究所、热能与环境工程研究所、工业工程研究所、制冷与低温工程研究所、机械电子工程研究所、暖通空调研究所、燃气工程研究所、现代制造技术研究所)和 1 个基础教学部(专业基础教学部)。同年,建筑环境与设备工程专业进入国家"211 二期"建设项目。

北京建筑大学经由北京市教委批准将建筑环境与设备工程专业设为北京市重点改造专业,同年,供热、供燃气、通风与空调工程专业取得工程硕士学位授予权,并根据中法两国合作项目,开展联合办学,设立了建筑设备工程专科专业。

河北工业大学建筑环境与能源应用工程专业原名为建筑环境与设备工程专业,成立于 7 月。

南华大学建筑环境与设备工程专业被评为湖南省重点专业。

太原理工大学获供热、供燃气、通风及空调工程专业二级学科硕士学位授予权。

宁波工程学院建筑环境与能源应用工程系前身是成立于 2002 年的建筑环境与智能化工程教研室,同年,首届专科招生。

桂林电子科技大学建筑环境与能源应用工程专业开始招生,是广西最早创办建筑环境与能源应用工程本科专业的学校。

中国石油大学储运工程系(燃气方向)与热能工程系(暖通方向)联合组建暖通专业,每年招收 2 个班。

清华大学、同济大学、天津大学、哈尔滨工业大学和重庆大学建筑环境与能源应用工程(原建筑环境与设备工程)专业在全国高校中首批通过了住建部组织的本科专业评估。

教学成果

哈尔滨工业大学孙德兴、张吉礼、王海燕老师的论文《论上课》，经审评获得香港现代教育研究会主办的《中国教育理论杂志》优秀论文二等奖(图 2.4.4)。

图 2.4.4　2002 年孙德兴、张吉礼、王海燕老师获奖

《暖通空调》(高校建筑环境与设备工程学科专业制导委员会推荐教材)，陆亚俊主编，中国建筑工业出版社(2005 年出版第二版)。

《建筑环境测试技术》(高校建筑环境与设备工程学科专业制导委员会推荐教材)，方修睦主编，中国建筑工业出版社(2008 年出版第二版)。

科技成果

哈尔滨工业大学董重成教授的教研项目"严寒地区居住建筑节能成套技术研究"获黑龙江省科技一等奖。该项目针对严寒地区居住建筑节能实现 50% 技术难度大的情况，从深入的理论研究出发，将理论研究结果转化为先进适用的节能技术，经示范工程和测试证明其技术的可行性和节能效果。

大连理工大学成立建筑环境与新能源研究所，通过多学科交叉合作及聘请国际知名专家为客座教授、开放式人才积聚等方式，形成了独具特色的研究团队。特别是近年来创造性地提出了融合中华传统文化的节律协同气候自适应建筑室内环境营造、健康室内环境营造及常态化防疫等理论和方法，取得了一批原创性研究成果。

2003 年

教育发展

天津大学供热、供燃气、通风与空调工程专业获得博士点。

中国人民解放军理工大学在土木工程博士学位授权一级学科下,经国家学位办备案自主设立了国防工程内部设备及智能化二级学科。

北京建筑大学建筑环境与设备工程本科专业为第一批招生专业,同年与新西兰奥克兰大学、英国诺丁汉大学建立了学术交流与合作关系,联合培养博士研究生。

华中科技大学申报获得供热、供燃气、通风及空调工程专业新增博士点。

北京工业大学供热、供燃气、通风及空调工程专业获得博士学位授予权。

东华大学获得土木与建筑工程领域(暖通空调方向)工程专业硕士授予权。

中原工学院获批供热、供燃气、通风及空调工程专业硕士授权点。

中国人民解放军理工大学、东华大学、湖南大学建筑环境与能源应用工程(原:建筑环境与设备工程)专业在全国高校中第二批通过了住建部组织的本科专业评估。

吉林建筑大学建筑技术科学取得硕士学位授予权,同年开始招收暖通方向硕士研究生。

安徽建筑大学抓住安徽省燃气工程发展的机遇,增设了城市燃气方向,成为安徽省唯一一所设立燃气方向的高校。

兰州交通大学招收暖通学科第一届硕士。

大连理工大学开始招收暖通学科博士生。

河北工业大学经国务院学位委员会批准设立供热、供燃气、通风及空调工程硕士学位授权点,并于次年开始招收硕士研究生。

教学成果

《民用建筑空调设计》,马最良、姚杨主编,化学工业出版社(2009年出版第二版)。

哈尔滨工业大学谭羽非教授的"突出专业特点改革'工程热力学'课程教学的研究与实践"获得黑龙江省高等学校教学成果一等奖(图2.4.5)。次年,谭羽非教授的"工程热力学"课程被评为省级精品课程。

西南交通大学建筑环境与设备工程专业与四川省制冷学会联合主办的《制冷与空调》杂志发展迅速,深受好评。杂志主要刊登制冷与空调行业的最新科技成果、学术论文,介绍新技术、新工艺、新产品,并及时通报行业最新动态。2003年入选"中文核心期刊

图 2.4.5　2003 年谭羽非教授等获奖

(遴选)数据库期刊""中国期刊全文数据库全文收录期刊"及"中国学术期刊综合评价数据库统计刊源";2007 年入选中国科技论文统计源期刊,是建环行业内除《暖通空调》外的第二本入选中国科技论文统计源期刊的科技期刊,也是建环行业内唯一由高等院校牵头主办的行业杂志(其余杂志高校仅为参与协办)。

科技成果

国内第一个 10 000 m² 以上的污水源热泵空调工程项目由哈尔滨工业大学孙德兴教授领导的课题组圆满完成,《暖通空调》杂志对污水源热泵项目成果的报道如图 2.4.6 所示。孙德兴教授担任项目技术负责人,并承担了设计任务。孙老师于 2003 年 8 月申报专利"城市污水冷热源的应用方法和装置",于当年 10 月研制出了第一台污水防阻机,并于当年 11 月成功投入工程试运行。这是在世界范围内第一个使用原生污水对 10 000 m² 以上建筑供热、空调的成功案例。

大连理工大学太阳能－土壤源热泵空调系统实验平台始建于 2003 年,扩建于 2012 年。土壤源热泵空调系统实验平台以土壤热量作为能量来源,是一套完备的建筑用冷热源。主要设备包括:地埋管土壤换热器、水源热泵机组、冷却塔、蓄热水箱、电磁流量计、太阳集热器、控制系统等。该系统设计制冷量为 20 kW、制热量为 24 kW。地埋管换热器部分由 9 根 U 形管组成,埋管总长度 450 m,埋深 25～70 m。土壤中的冷热量被热泵机组提取后制出冷热水供给末端,可根据需要调节供水温度(6.5～58 ℃)和供回水温差。自动控制采用芬兰 Fedilix 自控系统,通过基于 Web 的图形工作站进行现场温度、湿度、压力、流量、热量、电机频率、阀门等多参数数据采集监测,系统可自动运行及控制调节。

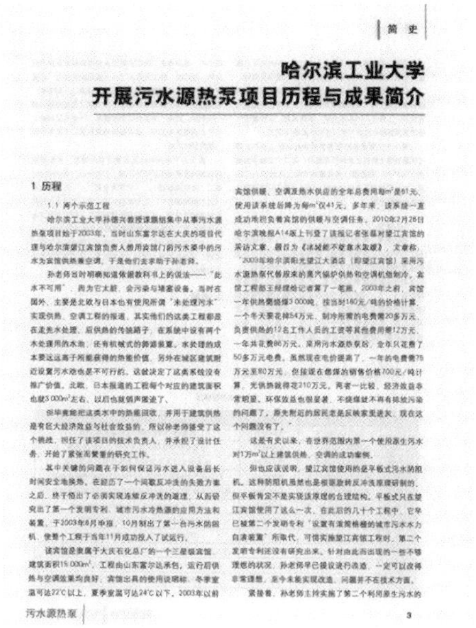

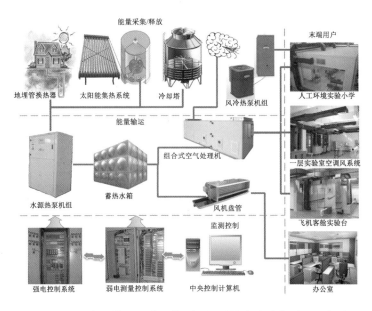

图 2.4.6 《暖通空调》杂志对污水源热泵项目成果的报道

该系统是我国东北地区第一个实用性土壤源热泵空调系统,在满足本学科实验室及办公室近 300 m² 空调使用之外,还作为教学和科学研究实验平台,为人工环境小室、大型飞机客舱和暖通空调系统实验台提供冷热源,可以完成太阳能集热、太阳能－土壤源热泵耦合供热、土壤源热泵供冷等多种运行模式。太阳能－土壤源热泵空调系统实验平台原理示意图如图 2.4.7 所示。

能量采集/释放

末端用户

地埋管换热器　太阳能集热系统　冷却塔　风冷热泵机组　人工环境实验小学

能量输运

组合式空气处理机　一层实验室空调风系统

水源热泵机组　蓄热水箱

风机盘管　飞机客舱实验台

监测控制

强电控制系统　弱电测量控制系统　中央控制计算机　办公室

图 2.4.7　太阳能－土壤源热泵空调系统实验平台原理示意图

2004 年

教育发展

清华大学建筑环境与设备工程专业与香港理工大学屋宇设备系根据清华大学与香港理工大学签署的本科生交换培养的协议开始本科生的交换培养与交流。方法是每年双方各自选派不超过 3 位本科生到对方学习一个学期(一般为四年级第二学期)。

重庆大学建立三峡库区生态环境教育部重点实验室。

西安建筑科技大学首次通过住建部高等教育专业评估。同年,供热、供燃气、通风及空调工程专业被评为陕西省名牌专业。

南京工业大学建筑环境与设备工程专业被列为校特色专业建设点。

吉林建筑大学供热、供燃气、通风及空调工程专业取得硕士学位授予权,是吉林省第一个该专业硕士学位授权点。

太原理工大学建筑与环境工程学院环境工程系的建筑环境与设备工程、给排水工程和环境工程 3 个专业独立建院,定名为环境科学与工程学院。

教学成果

《模糊－神经网络控制原理与工程应用》,张吉礼编著,哈尔滨工业大学出版社。

科技成果

哈尔滨工业大学落成建筑节能与能源利用黑龙江省重点实验室。实验室在建筑节能技术领域的理论研究上取得突破性进展,在应用上能以较高的水平解决黑龙江省建筑节能应用技术领域内的一些突出问题,哈尔滨工业大学致力于将实验室建设成为全国学术领先的建筑节能技术理论与应用研究基地,高级科技人才的聚集和培养基地,开展国际国内学术交流的重要基地,设备技术先进的检测基地,对国内外有影响的创新基地,并以此推动相关学科的发展。

大连理工大学人工环境与室内空气品质实验平台建立,人工环境与室内空气品质实验平台主要包括人工环境小室以及配套的环境参数及室内空气品质相关测试仪器仪表。人工环境实验小室参照国际标准 ISO 5219 建设,长 7.5 m、宽 5.6 m、高 3.6 m,面积约 40 m² 。可以通过控制调节土壤源热泵空调及风冷热泵的运行参数,使环境室达到某一特定的室内温湿度环境(温度 16～40℃,湿度 35%～70%),并可以通过切换通风管路阀门实现室内不同的气流组织形式,创造各种人工环境实验所需的条件。其外部和内部如图

2.4.8 和图 2.4.9 所示。

图 2.4.8　人工环境与室内空气品质实验平台外部

图 2.4.9　人工环境与室内空气品质实验平台内部

合肥工业大学建筑环境与能源应用工程(原建筑环境与设备工程)实验室成立,隶属于土木与水利工程学院。实验室总面积 746 m^2,可供建筑环境与能源应用工程专业的本科与研究生实验教学、大学生创新创业实验和科研使用。

学术会议

清华大学建筑环境与设备工程专业与日本东京大学和东北大学联合开展每年一度的中日研究生学术研讨会,2008 年韩国延世大学加入后,成为每年一度的东亚三国四校(中国清华大学、日本东京大学、日本东北大学、韩国延世大学)研究生学术研讨会,三国轮流主办。每次境外主办时我方至少有十几位师生参会,我方主办时参与的师生多达数十人。

2005 年

教育发展

1月8日,日本东北大学教授、建筑环境领域著名学者吉野博(后任日本建筑学会会长、日本学士院院士)来哈尔滨工业大学访问交流(图 2.4.10)。

图 2.4.10　2005 年吉野博教授来访

9月,丹麦工程院院士、丹麦技术大学 Fanger 教授受聘为哈尔滨工业大学荣誉教授(图 2.4.11)。Fanger 教授是丹麦技术科学院院士、美国工程科学院外籍院士、国际制冷科学院院士。Fanger 教授一直致力于室内环境与人们生活质量关系的研究,在室内环境品质对人体热舒适、人体健康和工作效率的影响等方面做出了卓越的贡献。他提出的热环境预测评价模型是暖通空调学科里程碑式的成果,被广泛地应用在国际以及各国的标准和规范中,是我国该学科学生的必修内容。

同济大学建筑环境与能源应用工程专业参加学校 985-2 期学科发展平台建设。

长安大学获批供热、供燃气、通风与空调工程专业博士学位授权点。

西安交通大学成立人居环境与建筑工程学院,建筑环境与设备工程系整建制并入人居环境与建筑工程学院。

北京联合大学建筑环境与能源应用工程专业被确定为北京市品牌建设专业。

河北工程大学获建筑与土木工程硕士专业学位授予权。

东北石油大学建成供热、供燃气、通风及空调工程硕士学位点。

华中科技大学、北京建筑大学、山东建筑大学建筑环境与能源应用工程专业(原建筑

图 2.4.11　Fanger 教授受聘为哈尔滨工业大学荣誉教授

环境与设备工程专业）首次通过了住建部组织的本科专业评估。

教学成果

哈尔滨工业大学孙德兴、张吉礼教授参与的"关于上课的研究"获黑龙江省高等教育教学成果二等奖（图 2.4.12）。

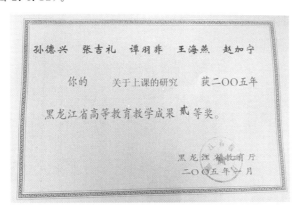

图 2.4.12　2005 年孙德兴教授等获奖

《高等传热学－导热与对流的数理解析》，孙德兴编著，中国建筑工业出版社。

《水环热泵空调系统设计》，马最良、姚杨著，化学工业出版社。

《空调冷热源工程》，刘泽华等编，机械工业出版社。

科技成果

重庆大学建立三峡库区水质安全与生态重建国家 985 学科平台（城镇人居环境保障体系与生态重建研究中心）。

西安交通大学人居学院成立后,建环实验室并入人居学院教学实验中心,建筑环境与设备工程专业课实验目前由人居学院教学实验中心负责,现有面积 720 m²(东三楼 320 m²,土木馆 200 m²,曲江校区 200 m²),2014 年获批省级实验教学示范中心。

西安建筑科技大学王怡的科技项目"黄土高原绿色窑洞民居建筑研究"获华夏建设科学技术奖一等奖。

2006 年

教育发展

哈尔滨工业大学建筑环境与设备工程专业成为省重点学科。

东华大学获得供热、供燃气、通风及空调工程博士学位授予权。

南京工业大学暖通学科获得工学硕士学位授予权。

吉林建筑大学建筑环境与设备工程专业一级学科(土木工程学科)被评为吉林省重点学科。

中国矿业大学获供热、供燃气、通风及空调工程学科博士、硕士学位授予权。

西南科技大学获得"供热、供燃气、通风及空调工程"二级学科硕士学位授予权。

合肥工业大学供热、供燃气、通风及空调工程硕士研究生开始招生。

宁波工程学院获批建筑环境与设备工程本科专业,首届本科招生。

重庆科技学院开始筹办建筑环境与设备工程本科,2007 年正式招生,首届招生 60 人。

西安科技大学获得供热、供燃气、通风及空调工程硕士学位授予权,2007 年开始招收硕士研究生。

中国石油大学获得供热、供燃气、通风及空调工程专业硕士学位授予权。

中原工学院、广州大学和北京工业大学建筑环境与能源应用工程专业(原建筑环境与设备工程专业)首次通过了住建部组织的本科专业评估。

教学成果

《建筑设备施工技术与组织》(高等学校"十一五"规划教材),董重成主编,哈尔滨工业大学出版社。

《工程热力学》(第五版),廉乐明、谭羽非编,中国建筑工业出版社。

《工程流体力学泵与风机》,伍悦滨、朱蒙生主编,化学工业出版社。

《工程流体力学(水力学)》,伍悦滨主编,中国建筑工业出版社。

《室内空气环境》,王昭俊、赵加宁、刘京编著,化学工业出版社。

科技成果

方修睦、李延平、董重成等的科研项目"节能建筑达标现场检查仪表"获华夏建设科学技术奖三等奖(图 2.4.13)。

图 2.4.13　2006 年方修睦、李延平、董重成等的获奖证书

姚杨教授的科研项目"双极耦合热泵供暖的应用基础研究"获中国制冷学会科学技术进步奖三等奖(图 2.4.14)。该研究创造性地提出双级耦合热泵的三种可实施新系统。对新系统在我国的应用做出预测分析与评价;解决了空气源热泵低温起动困难、润滑油变黏、制冷剂冷迁移、压缩比过大、排气温度高等问题,使机组能在寒冷地区中正常运行,拓宽了空气源热泵冷热水机组的应用范围;通过空气源热泵提供 $10 \sim 20$ ℃的水,为水/空气热泵和水/水热泵的应用创出一条新路。

图 2.4.14　2006 年姚杨教授的获奖证书

2007 年

教育发展

8月,哈尔滨工业大学供热、供燃气、通风及空调工程专业所在学科土木工程被评为一级重点学科;流体力学专业所在学科力学被评为一级重点学科。

同济大学建筑环境与能源应用工程专业(原建筑环境与设备工程专业)成为国家重点学科。

兰州交通大学暖通学科招收第一届博士生。

大连理工大学第一批博士后进站。同年,以张吉礼教授为学术带头人的大连理工大学建筑能源研究所技术团队被引入大连理工大学。该研究所拥有国内一流的中央空调智能控制实验平台和太阳能光电光热综合利用实验平台,为研发中央空调系统智能化节能控制技术、太阳能光电光热建筑一体化技术提供了实验条件。拥有达到国内领先水平的建筑能耗监测平台和网络服务器云计算平台,为开展建筑能耗监测、数据分析、平台托管服务提供了远程技术支持平台。

沈阳建筑大学和南京工业大学建筑环境与能源应用工程专业(原建筑环境与设备工程专业)首次通过了住建部组织的本科专业评估。

清华大学、同济大学、天津大学、哈尔滨工业大学和重庆大学通过了住建部本科专业教育评估复评。

教学成果

《室内环境控制原理与技术》,刘京等编著,哈尔滨工业大学出版社。

《地源热泵系统设计与应用》,马最良等编,机械工业出版社。

《天然气地下储气库注采技术及数值模拟》谭羽非等著,石油出版社。

《通风工程》,王汉青主编,机械工业出版社。

科技成果

清华大学多联机性能测试实验台建于 2007 年,为国内第一个采用房间热平衡法测试多联机性能的实验台。该实验台约 70 m²,分为 7 间实验房,一间室外机环境模拟室,6 间室内环境模拟室,设有温湿度调控系统和电量、制冷量、加湿量测量装置。实验台通过热工性能的分析,采用能量平衡法实现多联机制冷、热量的精确测量,用简捷的称重法实现加湿量的精确测量;实验台充分利用自然环境条件调控营造测试工况,实现节能运行,可完成空调多联机系统的性能测试及控制算法实验研究,也可以进行热湿独立控制空调系统的实验研究及需要热湿稳定环境的热工实验。湖南大学陈友明教授获得教育部科技进步奖一等奖。

学术会议

第4届居住建筑能源与环境国际研讨会(The 4th International Workshop on Energy and Environment of Residential Buildings,IWEERB2007)于2007年1月15日至16日在哈尔滨工业大学成功召开,赵加宁教授担任大会主席(图2.4.15)。此次会议由哈尔滨工业大学承办,共有来自中国、美国、日本、英国、法国、瑞士、保加利亚、韩国、匈牙利等国家的120多位代表出席,其中国外代表35人,世界卫生组织驻中国办事处代表也出席了此次研讨会。

图 2.4.15　2007 年 IWEERB 会议召开

2008 年

教育发展

高军的博士学位论文《建筑空间热分层理论及其应用研究》被评为哈尔滨工业大学

第十届优秀博士学位论文(图2.4.16)。高军是哈尔滨工业大学暖通专业历史上第一个获此殊荣的博士研究生,现任同济大学教授、博士生导师。他的博士研究生论文由高甫生和赵加宁指导。

图2.4.16　2008年高军优秀博士学位论文证书

同济大学热能与环境工程研究所、制冷与低温工程研究所、暖通空调研究所、燃气工程研究所的本科生开始以"能源动力类"统一招生,其他研究所的本科生以"机械类"统一招生。

西安建筑科技大学供热、供燃气、通风及空调工程专业被评为陕西省特色专业和省级人才培养模式创新实验区。

东华大学设置能源与环境系统工程本科专业,获动力工程领域工程硕士授予权。

山东建筑大学建筑环境与设备工程专业被评为山东省品牌专业。

沈阳建筑大学建筑节能与室内环境控制实验室被批准组建辽宁省重点实验室。

北京建筑大学建筑环境与设备工程专业被评为北京市首批特色专业建设点。

安徽建筑大学建筑环境与设备工程专业被评为安徽省首批省级特色专业建设点。

大连理工大学建筑环境与设备工程专业获批辽宁省重点学科。建筑环境与设备工程专业实验室是土木水利国家级实验教学示范中心专业分室之一。

长安大学建筑环境与能源应用工程专业(原建筑环境与设备工程专业)首次通过了住建部组织的本科专业评估。

中国人民解放军理工大学、东华大学和湖南大学通过了住建部高等教育建筑环境与设备工程专业评估委员会复评。

教学成果

《建筑设备工程施工技术与管理》(高校建筑环境与设备工程专业指导委员会规划推荐教材),董重成主编,中国建筑工业出版社。

《暖通空调热泵技术》(高校建筑环境与设备工程专业指导委员会规划推荐教材),姚杨主编,中国建筑工业出版社。

上海理工大学建筑环境工程与节能专业获批上海市教委重点学科。

科技成果

大连理工大学空气源热泵空调综合性能实验平台建于 2008 年,主要包括恒温恒湿环境室和双级压缩空气源热泵测试装置。恒温恒湿环境室能提供一个高精度恒温恒湿实验工况,可模拟多种空气环境。在环境室内可对多种空调设备特别是低温空气源热泵性能进行测试和研究,并实现蒸发器除霜等功能。恒温恒湿环境室由低温室与高温室组成。低温室长 3.6 m、宽 4.8 m、高 3.2 m,可控制温度为 $-25\sim15$ ℃;高温室长 3.6 m、宽 4.8 m、高 3.2 m,可控制温度为 $15\sim30$ ℃。双级压缩空气源热泵测试装置的核心部件有:变频压缩机、室外空气换热器、电子膨胀阀和末端换热器(散热片、地热盘管、风机盘管和热水箱)。采用水测量热计法来测量热泵空调器的制冷能力、制热能力、低温非稳态制热能力、功耗、COP 等。太阳能空气集热器测试实验台示意图如图 2.4.17 所示;恒温恒湿环境室如图 2.4.18 所示;空气源热泵综合实验台如图 2.4.19 所示;太阳能空气集热器测试实验台如图 2.4.20 所示。

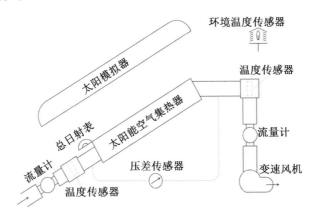

图 2.4.17　太阳能空气集热器测试实验台示意图

大连理工大学大型飞机客舱环境模拟系统实验平台始建于 2008 年,2012 年翻修,

图 2.4.18 恒温恒湿环境室

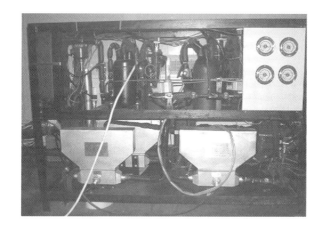

图 2.4.19 空气源热泵综合实验台

图 2.4.20 太阳能空气集热器测试实验台

2020 年升级改造。大型飞机客舱环境实验台是在实验室内模拟大型飞机在高空巡航时客舱内空气环境的实验设施。实验台以双通道大型客机——波音 767 飞机为原型,每排共 7 把乘客座椅。该实验台通过构建客舱气流组织系统、舱内设施、乘组人员模拟系统等,来研究客舱内气流组织、乘客热舒适性、污染物传播、新型环境控制系统性能以及数值建模技术等。整个实验平台包括空气热湿处理系统、舱内气流组织系统、舱内设施与人员模拟系统等部分组成。大型飞机客舱环境模拟系统实验平台如图 2.4.21 所示;大型飞机客舱环境模拟系统实验平台模型如图 2.4.22 所示。

图 2.4.21　大型飞机客舱环境模拟系统实验平台

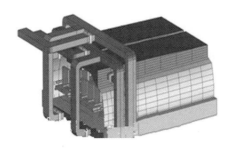

图 2.4.22　大型飞机客舱环境模拟系统实验平台模型

学术会议

　　7 月 13～16 日,第一届建筑能源与环境国际会议(The 1st International Conference on Building Energy and Environment,COBEE 2008)在大连理工大学举办。大连理工大学、天津大学、普渡大学、科罗拉多大学为共同主办单位,大会主席是大连理工大学张吉礼教授和天津大学朱能教授,会议学术委员会主席由陈清焰教授(普渡大学)担任。会议目的是为建筑工程师、环境科学家、建筑师、设施管理者和政策制定者之间讨论能源和环境问题以及启动合作提供一个平台,鼓励来自发达国家和发展中国家的参与者共同努力解决建筑能源和环境领域最关键的问题。会议得到了美国供热制冷与空调工程师协会(ASHRAE)、中国暖通空调学会、欧洲供热与空调协会联盟(REHVA)、美国环境保护协会、国际室内空气品质学会(ISIAQ)以及中国建设部、中国教育部、中国科技部、中国国家自然科学基金委员会等的大力支持。

2009 年

教育发展

5 月,哈尔滨工业大学建筑环境与设备工程专业成为国家特色专业。12 月,哈尔滨工业大学建筑环境与设备工程专业在中国大学研究生学科排行榜被评为 A^{++},同类学科排名第一。

12 月,澳大利亚阿德莱德大学 Martin Lambert 教授来哈尔滨工业大学访问讲学(图 2.4.23)。Martin Lambert 教授是阿德莱德大学土木、环境和采矿工程学院的院长和水工程力学教授,于 2009～2012 年担任土木、环境和采矿工程学院院长,并于 2012 年担任 ECMS 学院副院长。他的研究方向集中在与随机水文学有关的水利工程的几个方面,以及利用流体瞬变对老化工程管道基础设施进行有效状态评估,曾因教学极具特色而获得多个奖项,如 2008 年研究监督颁发的大学高等学位优秀奖、2009 年澳大利亚学习与教学委员会奖等。

图 2.4.23　2009 年 Martin Lambert 教授来访

清华大学建筑环境与设备工程专业被批准为国家级特色专业，"建筑环境与设备工程研究团队"获教育部"2009年度长江学者和创新团队发展计划"创新团队。

重庆大学开始"城市建设与环境工程"全英文国际硕士生项目，先后招收来自10多个国家的30多名留学生来校学习，该专业教师为此先后开设了16门全英文专业课程，用导师组的形式指导留学生的课程学习和研究论文。建筑环境与能源应用工程专业的教师共指导了17名留学生，承担了9门课程，其中"可持续建筑环境"和"环境质量与健康"获评国家全英文精品课程，从国外著名高校引进著名专家来重庆大学讲学和讲座，从教学大纲、教学方式全方位国际化，促进国际化拔尖人才的培养体系建设。中国重庆大学、香港大学和英国剑桥大学联合培养可持续城市发展硕士，为企业培养了近百名高层次人才。

中原工学院供热、供燃气、通风及空调工程专业获批国家特色专业建设点。

由华中科技大学、ASHRAE（美国供热制冷空调工程师学会）、中国制冷学会（CAR）、全国高等学校建筑环境与设备工程专业指导委员会共同举办的第一届全国CAR－ASHRAE空调学生设计竞赛中，建筑环境与设备工程专业派出4名代表参赛，获得三等奖。

安徽建筑大学获得供热、供燃气、通风与空调工程学科硕士学位授予权。

兰州交通大学暖通学科博士后流动站申请成功，形成了本科、硕士、博士完善的人才培养体系。

西南交通大学建筑环境与设备工程专业被评为四川省特色专业。

南华大学建筑环境与设备工程专业被评为湖南省特色专业。

西安建筑科技大学第二次通过专业评估（复评）。同年，供热、供燃气、通风及空调工程专业被评为国家特色专业。

北京联合大学建筑环境与能源应用工程专业被评为北京市特色专业建设点。

东北石油大学建筑环境与设备工程专业获批校重点建设专业。

吉林建筑工程学院、青岛理工大学、河北建筑工程学院、中南大学和安徽建筑工业学院建筑环境与能源应用工程专业（原建筑环境与设备工程专业）首次通过了住建部组织的本科专业评估。

教学成果

《建筑冷热源》（普通高等教育土建学科专业"十一五"规划教材、高校建筑环境与设备工程专业指导委员会规划推荐教材），陆亚俊主编，中国建筑工业出版社。

《建筑安装工程概预算与施工组织管理（第二版）》，陈刚主编，机械工业出版社。

哈尔滨工业大学孙德兴教授参与的教研项目"传热学课程多层次教学模式的研究与实践"获黑龙江省高等教育教学成果一等奖(图 2.4.24)。

图 2.4.24　2009 年孙德兴教授等人的获奖证书

科技成果

哈尔滨工业大学热能应用黑龙江省工程研究中心落成,进一步推动了热能应用领域研究。

哈尔滨工业大学伍悦滨教授的科研项目"纳米碳晶导电发热材料制备及应用技术"获黑龙江省科学进步奖二等奖(图 2.4.25)。

图 2.4.25　2009 年伍悦滨教授的获奖证书

华中科技大学"建筑环境与能源应用工程综合实验室""大气污染控制与建筑环境实验平台"完成验收。

中南大学与湖南环保科技产业园金台创业服务中心联合成立"长沙能源新技术研究开发中心",与长沙惠明环保能源有限公司签署《共同建立〈湖南省生物质能源工程技术研究中心〉合作协议》,刘志强教授被聘请担任中心主任。

大连理工大学建成节律协同气候自适应建筑智能实验平台(图2.4.26)。

计算机数据　　　太阳能空气集热器　室内环境参数测试　　多点巡回　　　室外气象站
存储和显示终端　　　　　　　　　　　　　　　　　　　数据采集器

图 2.4.26　节律协同气候自适应建筑智能实验平台

以广州大学建筑环境与能源应用工程实验室为基础,联合广州市建筑科学研究院有限公司及深圳市建筑科学研究院股份有限公司组建的建筑节能与应用技术实验室申报获批"广东省重点实验室"建设项目,并于2013年通过广东省科技厅验收。

上海理工大学太阳能与建筑一体化实验室位于环境与建筑学院楼顶,2009年初投入运行。整个实验室是一个完整的太阳能热利用系统,实现了太阳能与建筑的一体化,兼有对建筑保温和隔热作用,冬季可用来对室内的地板采暖系统供热,夏季将用来进行溶液除湿系统的再生,不足的热量由空气源热泵提供。

11月,太原理工大学建筑环境与设备工程专业的专业课教学实验平台——环工学院实验中心成立,包括计划内实验教学、综合性实验和开放性实验。其前身是太原工学院土木系下属的给水排水专业实验室、暖通专业实验室,其历史最早可追溯到20世纪50年代。在新老几代人的努力下,实验中心建设日新月异,焕发出勃勃生机。

2010 年

教育发展

哈尔滨工业大学建筑环境与设备工程专业响应学校号召,在学校实施首批卓越工程师计划建设。实施该项目有助于促进学生工程实践能力的全面提高,并借此强化具有扎实理论功底的工程技术创新能力的培养,逐步实现 3 个层次的人才培养目标,即卓越工程师、研究性工程师和具有一定工程领导力的工程领军人才。

清华大学"建筑环境与设备专业教学团队"获 2010 年国家级优秀教学团队和北京市优秀教学团队称号。同年,前 *Indoor Air* 期刊主编、丹麦技术大学 Jan Sundel 教授被清华大学正式聘请为建筑环境与设备专业教授,并在建筑环境与设备专业开设"室内空气品质和健康概论"课程。

自 2010 年起,大连理工大学积极促成与美国科罗拉多大学开展合作。翟志强,清华大学力学博士,美国麻省理工学院建筑学博士,美国科罗拉多大学建筑工程专业教授(终身教授),国际室内空气质量科学院(ISIAQ)会士(Fellow),国际建筑性能模拟仿真协会(IBPSA)会士,美国暖通空调工程师协会(ASHRAE)会士,主要研究领域:可持续性绿色建筑技术、城市能源与环境、室内外空气品质和健康;曾任美国洛基山研究院和日本振兴会高级研究员,中国清华大学、天津大学、大连理工大学、上海理工大学、中南大学、香港大学和美国伯克利国家实验室、日本东北大学等机构访问/兼职教授;担任建筑能源环境领域多个 SCI 期刊的副主编、专刊主编和编委;世界十几个国家和地区的国家研究基金委特邀评审专家;作为首席研究员,完成了一系列学术研究和咨询项目,在知名期刊和会议上发表 150 余篇论文;在科罗拉多大学讲授"绿色建筑设计""建筑能源系统""节能建筑""流体力学和传热""人工与自然环境的 CFD 分析"等课程。

北京建筑大学建筑环境与设备工程专业被评为高等学校国家级特色专业建设点。

南京工业大学建筑环境与设备工程专业遴选为江苏省普通高校品牌专业建设点,是江苏省唯一地方高校建设点;并于 2012 年通过验收,成为江苏省普通高校品牌专业。

沈阳建筑大学建筑环境与设备工程被评为辽宁省示范专业。

大连理工大学与美国科罗拉多大学翟志强教授开展合作,并授予其大连理工大学"海天学者"特聘教授。

青岛理工大学获得二级学科供热、供燃气、通风及空调工程专业博士学位授予权。

西南科技大学建筑环境与设备工程专业获批四川省特色专业建设点。

南华大学建环教研室评为湖南省优秀教研室。

宁波工程学院建筑环境与设备工程专业获批宁波市服务型教育重点建设专业。

东北林业大学暖通学科取得建筑与土木工程专业学位工程硕士点。

天津城建大学供热通风及空调工程专业和城市燃气工程专业被评为天津市品牌专业。

中国石油大学为发挥石油院校优势,且适应当时燃气发展的大环境,成立燃气工程系,以"燃气方向"为主,兼顾暖通,独立发展。

南京理工大学建筑环境与能源应用工程专业(原建筑环境与设备工程专业)首次通过了住建部组织的本科专业评估。

北京建筑大学、山东建筑大学建筑环境与设备工程专业通过了住建部本科专业教育评估复评。

教学成果

《热泵技术应用理论基础与实践》,马最良、姚杨、姜益强、倪龙编著,中国建筑工业出版社。

科技成果

哈尔滨工业大学赵加宁教授的科研项目"中铝兰州分公司 350KA 槽铝电解车间厂房自然通风技术"获中国有色金属工业科学技术奖一等奖。铝电解车间采用自然通风是保障电解槽热平衡和厂房内热环境的经济实用手段,随着铝电解槽向着大容量发展,研究与之匹配的自然通风技术对于保证产品质量和工作人员的身体健康非常重要,也迫在眉睫。该项目针对中铝兰州分公司 350KA 槽铝电解车间厂房这一具体工程进行研究,所实施的自然通风技术是其生产的保障之一。

9 月,哈尔滨工业大学孙德兴、张承虎教授的科研项目"城市原生污水热能资源化工艺与技术"获省技术发明一等奖(图 2.4.27)。

大连理工大学冷凝和蒸发强化传热实验平台建于 2010 年,出于对冷凝器中管束效应大小的质疑以及集中供热对高温热泵的发展需求,提出了管内流动与换热、管外沸腾换热特性与管束效应参数的高精度试验方法,研制出了单管外冷凝传热性能分析仪、单管外蒸发与冷凝传热性能分析仪、管束外沸腾传热性能分析仪、管束外冷凝传热性能分析仪。上述研究为系统地解决大型卧式壳管式冷凝器与蒸发器设计开发面临的管束强化传热难题提供了理论方法和试验条件。双 15 排冷凝管管束和单管膜状凝结换热特性实验平台如图 2.4.28、图 2.4.29 所示。

重点研究:①冷凝和蒸发强化传热实验理论与测试技术;②冷凝和蒸发传热性能测

图 2.4.27　2010 年孙德兴教授获奖证书

图 2.4.28　双 15 排冷凝管管束和单管膜状凝结换热特性实验平台

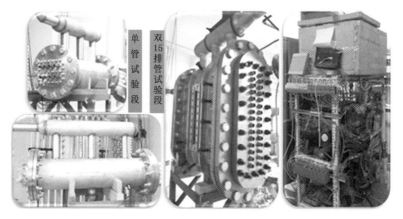

图 2.4.29　双 15 排冷凝管管束和单管膜状凝结换热特性实验平台

试实验装备开发;③双侧强化冷凝管管束外凝结换热强化理论与新型装备开发;④双侧强化蒸发管管束外沸腾换热强化理论与新型装备开发;⑤大型高效蒸发器和冷凝器优化设计及装备开发;⑥工业换热装备多相流纳米强化换热技术。

以广州大学建筑环境与能源应用工程实验室为基础,联合广州市建筑科学研究院有限公司及深圳市建筑科学研究院股份有限公司组建的建筑节能与应用技术实验室申报获批"广东省重点实验室"建设项目,并于 2013 年通过广东省科技厅验收。

太原理工大学田琦、李风雷的科研项目"太阳能喷射与压缩耦合制冷技术开发"获省教育厅科技奖一等奖。

中南大学与湖南凌天科技有限公司联合成立的"地源热泵工程技术研究中心"获得了湖南省工程技术研究中心(第二批)立项。

上海理工大学毛细管辐射空调实验室在环境与建筑学院的五楼综合实验室,房间朝向南面,设计空调面积为 42 m²,2010 年建成。本实验室在室内地板、吊顶和侧墙敷设了毛细管辐射空调末端,并且设有地板送新风承担室内湿负荷。实验室的除湿系统由带冷凝热回收的热泵除湿机组提供,毛细管辐射末端的冷源由可调冷水温度机组提供,实现房间温湿度独立控制。

北京建筑大学邹立成、吴丹、彭建斌和张冲获得了第二届全国 CAR－ASHRAE 空调学生设计竞赛一等奖。

学术会议

中南大学主办了第二届能源与环境国际会议。

11 月,在杭州市第一世界大酒店召开的第十七届全国暖通空调制冷学术年会上,江亿、寿炜炜分别荣获首届"吴元炜暖通空调奖"。

江亿,1977 年毕业于清华大学建工系。1977 年分配到核工业部兰州 504 厂工作。1981 年获清华大学硕士学位。1985 年获清华大学博士学位。1988 年由教委派往英国作为访问学者进修一年。2001 年当选为中国工程院院士。现任清华大学建筑学院副院长,建筑技术科学系主任,博士生导师,北京市政府顾问团顾问,全国暖通空调委员会副主任,全国建筑物理委员会委员,建设部智能建筑专家委员会委员,ASHRAE 学会会员,英国 CISB 学报海外编委,《暖通空调》杂志编委,英国通风学报编委。

寿炜炜,上海人,1948 年 7 月生,1982 年同济大学暖通专业毕业,工学学士。同年进入上海市民用建筑设计院(现为上海现代建筑设计集团上海建筑研究院有限公司)工作。教授级高级工程师,院副总工程师,从事暖通空调设计工作。主要设计项目有:上海世界广场、上海梅陇镇广场、上海证券大厦、上海商品交易大厦、上海公共卫生中心、上海光源工程等。

2011 年

教育发展

3月,丹麦工程院院士、丹麦技术大学北极技术研究中心主任 Arne Villumsen 教授应哈尔滨工业大学王昭俊教授邀请来访讲学。次年1月,暖通专业与丹麦技术大学签署本科生互派及联合培养协议,协定每年选拔3～5名丹麦技术大学本科生与哈尔滨工业大学本科生实现互派和联合培养。与 Arne Villumsen 教授签署本科生互派及联合培养协议如图2.4.30所示。

图2.4.30 与 Arne Villumsen 教授签署本科生互派及联合培养协议

大连理工大学建立建筑能源研究所(简称IBE),始终秉承"立德,明志,担当,奉献;创新,求实,格严,致远"的学术精神与育人理念,把"以最小的能源消耗、创建最好的智慧人居环境"作为最终学术追求和产业服务目标,将物联网、大数据和人工智能的新理论和新技术引入暖通空调学科,建立了具有跨学科研究特色的理论、技术及工程应用体系。2014年成立了辽宁省绿色建筑与节能工程实验室。

长期以来,大连理工大学建筑能源研究所面向建筑智能化、建筑节能、绿色建筑、可再生能源开发利用等领域的学科前沿和国家重大需求问题,率先将物联网、大数据和人工智能的新理论和新技术引入暖通空调及建筑技术领域,在国家基金、国家重点研发计划、省部市级及企业项目的资助下,开展了跨学科理论研究、技术开发和工程应用,形成了稳定的研究方向:BIM智能设计、装配与运维技术、建筑能源物联网及大数据技术、暖通空调智能控制理论与技术、交通建筑环境健康、安全与调控技术、冷凝和蒸发强化传热及大型装备开发、余废热源热泵和智慧供热技术、太阳能 PVT 热泵及建筑一体化技术。拥有先进的实验设备与仪器，还包括冷凝和蒸发强化传热实验平台、BIM 智能设计、装配与运维技术平台、建筑能源物联网及大数据技术平台、太阳能能源站及用户物联网管理平台等大型实验平台。

重庆大学创办国内首批建筑节能技术与工程专业。

同济大学、中原工学院联合主办了 The 6th International Conference on Energy and Environment of Residential Buildings（该会议由范晓伟教授担任大会主席）。

广州大学获供热、供燃气、通风及空调工程专业博士学位授予权。

南京工业大学暖通学科获得博士学位授予权。

吉林建筑大学建筑环境与设备工程专业被评为吉林省"十二五"优势特色专业。

河北工业大学获批供热、供燃气、通风及空调工程专业博士学位授予权，并于 2014 年开始招收和培养博士研究生。

合肥工业大学土木工程一级学科博士学位授予权获批，供热供燃气通风及空调工程博士研究生开始招生。

太原理工大学暖通学科开始在本校环境工程二级学科博士点招收博士生。

重庆科技学院建筑环境与设备工程专业获得学士学位授予权。

东北石油大学建筑环境与设备工程专业获批省重点建设专业。

西安交通大学、兰州交通大学和天津城市建设学院首次通过了住建部组织的建筑环境与设备工程本科专业评估。

华中科技大学、中原工学院、广州大学和北京工业大学环境与设备工程专业通过了住建部本科专业教育评估复评。

教学成果

《建筑消防技术与设备》，谢东主编，中国电力出版社。

科技成果

哈尔滨工业大学董重成教授的科研项目"供热计量技术规程"获 2011 年华夏建设科学技术奖二等奖。

大连理工大学建筑能源物联网及大数据技术平台建于 2011 年，扩建于 2017 年。自主研发了建筑能耗评价模型、智能网关（图 2.4.31）、感知层和数据中心软硬件及工程应用等技术，并用于上海、南京和吴江等地多栋办公楼建筑能耗监测示范工程。IBE 先后完成了辽宁省、大连市、苏州市吴江区、太原理工大学、大连理工大学等省、市、区和校能耗监测平台建设。iBES 技术在全国各省市应用分布图如图 2.4.32 所示。

重点研究：①iBES 架构、感知、通信及数据云软硬件技术；②iBES 数据质量评价、诊断及修复应用技术；③基于 iBES 的建筑能耗及环境排放评价技术；④基于 iBES 的用电安全评价、预警及恶性负载识别技术；⑤基于 iBES 的设备系统建模、诊断及节能优化技术；⑥基于 iBES 的人群行为识别及建筑运行管控技术。

图 2.4.31 IBE 研制的建筑能耗监测智能网关

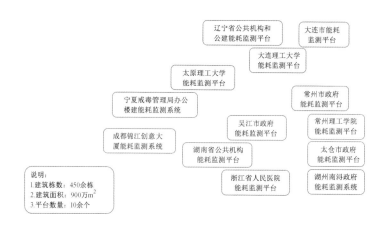

图 2.4.32 iBES 技术在全国各省市应用分布图

沈阳建筑大学建筑节能与室内环境控制工程技术研究中心被批准组建辽宁省工程技术中心，并且由国家"十二五"科技支撑计划支持开展东北严寒地区建筑节能关键技术与示范项目的研究。

中南大学与威胜电子公司联合申报的国家级工程创新平台"智能化综合能效管理技术国家地方联合工程中心"获得国家发改委批准，同年，成立了中南大学能源环境检测与评估中心，在能源检测、评估与审计，高效节能技术等方面开展了广泛的技术服务和人才培训工作，产生了良好的社会效应。

西南交通大学建筑环境与能源应用工程专业依托"建筑节能与绿色建筑 2011 协同创新中心"和"四川省绿色人居环境控制与建筑节能工程实验室"，目前设有地源热泵空调系统、隧道火灾通风模拟、太阳能风能综合利用实验、地板辐射系统实验、自动控制仿真实验、室内空气品质、相变储能与可再生能源利用等研究平台,为本专业师生提供科研教学的平台。

上海理工大学热环境液体模型实验室模型实验台开始投入运行,依托于国家自然科学基金项目,试验台重点通过液体运动反映地铁站台活塞风和空调射流耦合的基本规律,试验台在满足相似准则的基础上,实现了对射流耦合速度场、温度场及射流轨迹研究。

2012 年

教育发展

根据教育部规定,建筑环境与设备工程专业更名为建筑环境与能源应用工程专业。

清华大学学生培养机构的名称仍保留了"建筑环境与设备研究所"。

湖南大学将建筑环境与设备工程专业、建筑节能技术与应用工程专业更名为建筑环境与能源应用工程专业。

中国人民解放军理工大学将国防(人防)建筑设备工程专业更名为通风空调与给排水工程专业。

重庆大学建筑节能技术与工程专业整合至建筑环境与能源应用工程。重庆大学邀请来自世界知名高校英国剑桥大学、澳大利亚悉尼大学、美国劳伦斯伯克利国家重点实验室、香港大学等外籍专家来校讲学、交流超过 120 人次,通过公派留学、科研等各种项目或国际会议派出教师人数超过 100 人次,学生人数超过 40 人。

山东建筑大学建筑环境与能源应用工程专业被评为山东省应用型特色名校建设工程重点专业。获批"绿色建筑技术及理论"博士人才培养项目。

广州大学正式招收第一批供热、供燃气、通风及空调工程博士研究生,建立土木工程一级学科博士后流动站。

沈阳建筑大学建筑环境与能源应用工程专业被评为辽宁省重点专业。

长安大学将"建筑环境与设备工程""建筑节能技术与工程""建筑设施智能技术"整合为"建筑环境与能源应用工程"。

吉林建筑大学建筑环境与设备实验中心被评为吉林省实验教学示范中心。

中国矿业大学建筑环境与能源应用工程专业遴选为江苏省"十二五"高等学校重点建设专业。

中国矿业大学与澳大利亚皇家墨尔本理工大学合作举办建筑环境与能源应用工程

专业本科项目(2012年获教育部批准),2016年被江苏省确定为首批中外合作办学高水平示范性建设工程项目。

2012~2014年太原理工大学宋翀芳主持完成了太原理工大学教育教学改革研究项目"'空调用制冷技术'课程体系与教学模式的改革与实践",并在《山西科技》发表教学论文《"空调用制冷技术"课程体系与教学模式的研究》。

天津城建大学暖通学科获批天津市级综合改革试点项目。

长春工程学院招收供热、供燃气、通风及空调工程方向硕士研究生。

清华大学、同济大学、天津大学、哈尔滨工业大学和重庆大学通过了住建部本科专业教育评估复评(第三次)。

沈阳建筑大学和南京工业大学建筑环境与能源应用工程专业通过了住建部本科专业教育评估复评。

大连理工大学和上海理工大学建筑环境与能源应用工程专业首次通过了住建部本科专业教育评估。

教学成果

《暖通空调工程设计——鸿业 ACS8.2》,李建霞主编,机械工业出版社。

《建筑环境测量(第二版)》,陈刚主编,机械工业出版社。

《建筑设备(第二版)》,刘源全主编,北京大学出版社。

清华大学刘晓华教授获得清华大学青年教师教学基本功比赛理工组一等奖。

清华大学赵彬教授获得 SRT 优秀指导教师一等奖(2012~2015 年,4 届)。

清华大学王宝龙副教授、石文星教授获得中国制冷空调行业大学生科技竞赛优秀指导教师奖(2012~2016 年,5 届)。

科技成果

哈尔滨工业大学姚杨、姜益强老师参与的科研项目"水源地源热泵高效应用关键技术研究与示范"获华夏建设科学技术奖一等奖,如图 2.4.33 所示。

华中科技大学完成了空调系统模拟监控实验平台和燃气实验天然气气源的建设。

清华大学付林教授的科研项目"基于吸收式换热的热电联产集中供热技术"获 2012 年北京市科学技术奖一等奖;"吸收式热泵回收汽轮发电机组冷端余热的技术研究与应用"获 2012 年中国电力科学进步奖一等奖。

清华大学刘晓华教授,江亿院士的科研项目降低大型公共建筑空调系统能耗的关键技术研究与示范,获得 2012 年度华夏建设科学技术奖一等奖。

图 2.4.33　2012 年姚杨、姜益强老师参与项目的获奖证书

同济大学张旭教授负责的项目国家电网公司上海世博会企业馆获得中国建筑学会建筑设计一等奖（暖通空调）。

重庆大学由徐伟、邹瑜、王贵玲、姚杨、王勇、高翀、朱清宇、宋业辉、孙宗宇、吕晓辰、姜益强、冯晓梅、杜国付、钱程、肖龙负责的项目水源地源热泵高效应用关键技术研究与示范获得华夏建设科学技术奖一等奖。

西安建筑科技大学王怡的科技项目西藏高原低能耗太阳能建筑研究与应用获得陕西省科学技术奖一等奖。

西安建筑科技大学李安桂的项目水电工程大型地下洞室的热湿环境调控关键技术获得 2011 年"中国建研院 CABR 杯"华夏建设科学技术奖一等奖。

学术会议

8 月 1～4 日，第二届建筑能源与环境国际会议（The Second International Conference on Building Energy and Environment）在美国科罗拉多州博尔德市举行。此次会议由科罗拉多大学博尔德分校主办，美国采暖、制冷与空调工程师学会、美国国家自然科学基金会与中国制冷学会协办。本次大会主席是翟志强教授，端木琳教授作为大会的 Conference Program Chair，并作为分会主席主持"室内环境品质"专题。李祥立老师作为本次大会的秘书参与了大会的全程筹备工作。

中南大学组织召开"中国室内环境与健康第五届学术会议暨中国环境科学学会室内环境与健康分会 2012 年学术年会"。

上海理工大学举办中国室内环境与儿童健康课题上海研讨会。

2013 年

教育发展

9月,原哈尔滨建筑工程学院院长、哈尔滨工业大学供热、供燃气、通风及空调工程博士生导师何钟怡教授(图 2.4.34)获得第二届"优秀教工李昌奖"。何钟怡教授不仅在学术上取得瞩目成就,而且用智者的运筹帷幄推动了原哈尔滨建筑工程学院的快速发展。他默默耕耘、无私奉献、勤奋敬业、勇于创新,培养了一批又一批优秀人才,为学校的发展建设做出了卓越贡献。

图 2.4.34　何钟怡教授

同济大学根据学校的"宽口径"教育改革的要求,实行"机械能源类"大类招生,形成一年级"机械能源类"平台课程,二年级"能源动力类"和"机械类"平台课程。学生于一年级下学期确定专业方向。

重庆大学建筑环境与能源应用工程专业通过了英国皇家注册设备工程师协会(CIBSE)和国际燃气协会(IGEM)的专业教育国际认证,建立了低碳绿色建筑国际联合研究中心。

山东建筑大学开始招收绿色建筑环境与能源博士项目研究生,目前已经毕业两届博士生。

广州大学正式招收供热、供燃气、通风及空调学科方向的博士后。

中国矿业大学建筑环境与能源应用工程专业签订与英国诺丁汉大学土木工程(含建筑环境与能源应用工程)"3+1"的联合培养协议。

西南科技大学建筑环境与能源应用工程专业获批"四川省卓越工程师教育培养计

划"试点专业。

西南交通大学建筑环境与能源应用工程专业首次通过了住建部本科专业教育评估。

长安大学通过了住建部本科专业教育评估复评和高等教育建筑环境与能源应用工程专业评估委员会复评。

中国人民解放军理工大学、东华大学和湖南大学通过了住建部高等教育建筑环境与能源应用工程专业评估委员会复评(三次)。

教学成果

大连理工大学 2013 年在全国率先将 BIM 技术引入建筑环境与能源应用工程专业本科毕业设计,建立了大连理工大学 BIM 教学与实践中心,"建筑与土木工程领域创新型 BIM 工程技术人才培养体系的构建与实践"获 2017 年校教学成果一等奖、2018 年辽宁省普通高等教育本科教学成果奖一等奖、2020 年辽宁省普通高等教育本科教学成果奖一等奖。张吉礼教授承担的本科生专业必修课《建筑用制冷技术》被评为"辽宁省精品资源共享课",编著的教材《建筑用制冷技术》也成为"住房城乡建设部土建类学科专业'十三五'规划教材"和"高等学校建筑环境与能源应用工程专业规划教材"。

《高等流体力学》,伍悦滨主编,哈尔滨工业大学出版社。

《流体输配管网(第 2 版)》,龚光彩主编,机械工业出版社。

广州大学主编国家级"十二五"规划教材、高等学校建筑环境与能源应用工程专业教学指导委员会规划推荐教材:《建筑设备施工技术与管理》。

《建筑节能与可持续发展》,罗清海主编,中国电力出版社。

清华大学刘晓华教授获得北京高校第八届青年教师教学基本功比赛二等奖。

北京工业大学李炎锋、杜修力、薛素铎、高向宇、樊洪明获得北京市优秀教育教学成果一等奖。

科技成果

11 月,伍悦滨教授的科研项目"低浊度出水条件下给水处理系统各环节的协同规律研究"获 2013 年黑龙江省科学技术奖二等奖,如图 2.4.35 所示。

大连理工大学太阳能能源站及用户物联网管理平台建于 2013 年,扩建于 2016 年。太阳能 PVT 热电冷联产联供系统可应对现阶段绿色建筑、清洁供暖、低能耗和近零能耗建筑的发展需求,利用太阳能解决建筑热、电、冷和生活热水用能问题,实现太阳能制热和制冷一体化、太阳能与建筑一体化问题。基于 iBES 的太阳能 PVT 热电冷联产联供系统如图 2.4.36 所示。

图 2.4.35　2013 年伍悦滨教授获奖证书

重点研究：①新型太阳能光电光热（PVT）组件开发；②高效太阳能 PVT 热泵循环及热电冷联产联供技术；③PVT 屋面/幕墙及 PVT 热泵建筑一体化技术；④大型 PVT 热泵能源站规划、设计及运行控制技术；⑤北方村镇建筑太阳能 PVT 热泵清洁能源供给技术；⑥基于 iBES 的太阳能能源站及用户物联网管理平台技术。

图 2.4.36　基于 iBES 的太阳能 PVT 热电冷联产联供系统

广州大学建筑环境与能源应用工程实验室、结构实验室等共同组建的土木工程实验中心被评为广东省实验示范中心。

沈阳建筑大学建筑节能与室内环境控制工程技术研究中心被批准组建辽宁省工程技术中心，并且由国家"十二五"科技支撑计划支持开展农村住宅蓄能系统集成及通风换气技术研究与示范项目的研究。

清华大学李晓锋副教授的工程项目"万达学院一期工程"，获 2013 年住建部绿色建筑创新综合奖一等奖。

清华大学李晓锋副教授、朱颖心教授的研究项目"绿色铁路客站评价标准与评价体系研究"获2013年中国铁道学会科学技术奖一等奖。

西安建筑科技大学王怡负责的项目"低能耗建筑通风设计关键技术研究与应用"获陕西省科学技术奖一等奖。

广州大学周赛华获得了第二十一届人工环境工程学科竞赛一等奖。

西安交通大学王沣浩的项目"城市微气候控制关键技术研究与应用"获陕西省土木建筑科学技术奖一等奖。

学术会议

4月13～16日,哈尔滨工业大学刘京教授赴日本参加风环境与灾害CFD模拟国际研讨会(COMPSAFE),并担任大会分会场主席(图2.4.37)。

图2.4.37　刘京教授担任COMPSAFE分会场主席

同济大学自2013年起每年举办一届"科学实验室环境控制技术国际论坛",促进实验室环境控制与安全技术的发展与国际合作。

重庆大学成功举办了"建筑与环境可持续发展国际会议",会议合作单位有英国剑桥大学、美国普渡大学、英国雷丁大学、香港大学、清华大学等多所境内外知名高校。

湖南大学主办APEC conference on Low Carbon Town and Physical Energy Storage国际会议。

上海理工大学举办专业学位硕士研究生培养模式研讨会。

2014 年

教育发展

重庆大学建筑节能与技术专业并入建筑环境与能源应用工程专业。现有在校本科学生 571 名。

11 月,大连理工大学"辽宁省绿色建筑与节能工程实验室"通过辽宁省发改委论证。

12 月,大连理工大学获批教育部教学质量工程建设专业综合改革项目及辽宁省本科专业改革与建设项目。本专业现拥有"本—硕—博—博士后"完备的人才培养体系。

宁波工程学院建筑环境与能源应用获批为浙江省新兴特色专业。

桂林电子科技大学建筑环境与能源应用工程专业获批广西高等学校优势特色专业。

中国矿业大学建筑环境与能源应用工程专业首次通过了住建部本科专业教育评估。

吉林建筑工程学院、青岛理工大学、河北建筑工程学院、中南大学和安徽建筑工业学院通过了住建部高等教育建筑环境与能源应用工程专业评估委员会复评。

西安建筑科技大学通过了住建部高等教育建筑环境与能源应用工程专业评估委员会复评(三次)。

教学成果

《高等传热学——导热与对流的数理解析》(高校建筑环境与能源应用工程专业指导委员会推荐教材),孙德兴,吴荣华,张承虎等编,中国建筑工业出版社。

《空间低温制冷技术》,张周卫,汪雅红编,兰州大学出版社。

《缠绕管式换热器》,张周卫,汪雅红编,兰州大学出版社。

清华大学谢晓云获得清华大学青年教师教学基本功比赛理工组二等奖。

科技成果

哈尔滨工业大学投入 30 万元扩展原有建筑环境与能源应用工程专业综合实习实验系统建设。帮助本专业学生进一步深入了解专业内容,提升学生综合能力,使校内实习内容更加趋向于系统化、完整化。同年 7 月,包含建筑环境与能源应用工程专业在内的国家级市政环境虚拟仿真实验教学示范中心获批。该中心能够为供热、城市燃气等大型复杂管网输配系统信息、仿真正常运行与故障工况下的管网系统水力与热力特性,三维可视化显示复杂能源设备内部构造及工艺流程方面提供十分重要的教学辅助手段和新的实验教学模式。现已投入近 150 万元用于硬件和软件建设。

哈尔滨工业大学董重成教授的科研项目"民用建筑供暖通风与空气调节设计规范"获 2014 年华夏建设科学技术奖一等奖。

太原理工大学雷勇刚的"大型地下电站长垂直大电流离相封闭母线关键技术与实践"项目获得省科技进步奖一等奖。

西南交通大学袁艳平的"相变储能技术研究及其在建筑节能与飞行器热安全领域的应用"获四川省科技进步奖一等奖(排名第一)。

清华大学刘晓华教授的科研项目"机场车站类高大空间新型空调系统的研究及应用"获 2014 年中国制冷学会科技进步奖一等奖。

清华大学李先庭教授的项目"民用建筑供暖通风与空气调节设计规范"获 2014 年华夏建设科学技术奖一等奖。

重庆大学李百战、王清勤、潘云钢、戎向阳、李楠、陈勇、姚润明、刘红、丁勇、刘猛、郑洁负责的建筑室内热环境的理论与绿色营造方法及其工程应用获得重庆市科学技术奖——科技进步奖一等奖。

中国人民解放军陆军工程大学耿世彬,韩旭的项目"地铁与人防工程空气环境保障关键技术与应用"获陕西省高校科技进步奖一等奖。

西安建筑科技大学李安桂负责的项目"重大地铁站热湿环境调控及'地铁老线'升级换代通风空调关键技术"获 2014 年"中国城市规划设计研究院 CAUPD 杯"华夏建设科学技术奖一等奖。

中原工学院刘寅,周光辉等人的项目"带热回收装置型地源热泵中央空调的研究"获河南省建设科技进步奖一等奖。

中原工学院于海龙,郭淑青等人的项目"淀粉加工企业系统节能环保关键技术研究"获河南省建设科技进步奖一等奖。

天津城建大学"天津文化中心工程建设新技术集成与工程示范"获得天津市科技进步奖一等奖。

西南交通大学袁艳平负责的项目"相变储能技术研究及其在建筑节能与飞行器热安全领域的应用"获四川省科技进步一等奖(排名第一)。

学术会议

8 月,西北五省(区)暖通空调热能动力 2014 年学术年会由兰州交通大学成功举办,取得了很好的反响,在西北地区得到了很高的评价,扩大了建筑环境与能源应用工程专业的影响力。

"高等学校建筑环境与能源应用工程学科专业指导委员会第六届委员会第二次会

议"由大连理工大学主办。

9月,清华大学主办 International Conference Enhanced Builiing Operations 国际会议。

10月,清华大学主办中日韩三国五校可持续建筑研讨会。

河北工业大学能源与环境工程学院联合英国利兹大学、天津大学共同主办了"绿色交通、可再生能源与环境国际学术会议"。

2015 年

教育发展

哈尔滨工业大学教师参访莫斯科建筑大学。莫斯科建筑大学副校长接待我系教师,并与哈尔滨工业大学签署合作协议,建立两校在科学、教育、人才培养和联合科研项目等领域的合作关系(图 2.4.38)。

图 2.4.38 2015 年哈尔滨工业大学教师参访莫斯科建筑大学,副校长接待哈尔滨工业大学教师

清华大学江亿院士当选为第二届中国节能协会理事长。

沈阳建筑大学建筑环境与能源应用工程专业和给排水科学与工程专业评为辽宁省首批普通高等学校本科优势特色专业。

吉林建筑大学建筑环境与能源应用工程被评为吉林省高等学校本科品牌专业,吉林省高等学校卓越工程师教育培养计划试点专业。

武汉科技大学以建筑设备实验教学示范中心为基础组建"城乡建设与环境发展实验教学中心",获批湖北省重点实验教学示范中心。

北京联合大学 2015 年以来为强化应用型学科建设和服务北京的能力,从北京的一流设计研究院引进多名具有博士学位的暖通专业高级人才,同年成立了"绿色建筑与信息化技术研究所(院级)",聘请"国家科技进步特等奖"获得者刘应书教授为本专业的北京市特聘教授。

西南科技大学、河南城建学院建筑环境与能源应用工程专业首次通过了住建部组织的本科专业评估。

南京理工大学建筑环境与能源应用工程专业通过了住建部本科专业教育评估复评。

北京建筑大学、山东建筑大学建筑环境与能源应用工程专业通过了住建部本科专业教育评估复评(三次)。

教学成果

《燃气输配》(第五版)(普通高等教育"十二五"国家级规划教材、高校建筑环境与能源应用工程专业指导委员会规划推荐教材),段常贵、张兴梅、苗艳姝主编,中国建筑工业出版社。

《民用建筑空调设计》(第三版)[中国石油和化学工业优秀出版物奖(图书奖)二等奖],马最良、姚杨主编,化学工业出版社。

《暖通空调》(第三版)(普通高等教育"十二五"国家级规划教材、高校建筑环境与能源应用工程专业指导委员会规划推荐教材),陆亚俊、马最良、邹平华等编,中国建筑工业出版社。

《建筑冷热源》(第二版)(普通高等教育"十二五"国家级规划教材、高校建筑环境与能源应用工程专业指导委员会规划推荐教材),陆亚俊、马世君、王威等编,中国建筑工业出版社。

哈尔滨工业大学王昭俊教授主讲的研究生课程"室内空气环境"获哈尔滨工业大学教学优秀奖一等奖(图 2.4.39)。

清华大学"建筑环境与设备专业教学团队"获得国家自然基金委创新群体。

清华大学莫金汉副教授获得 SRT 优秀指导教师一等奖(2015)。

科技成果

清华大学李晓锋副教授的项目"北京汽车产业研发基地用房"获 2015 年度全国绿色建筑创新奖一等奖。

清华大学王宝龙、石文星、李先庭等人负责的项目"夏热冬冷地区土壤源热泵耦合太阳能三联供集成技术研究与示范"获 2015 年河南省建设事业科学技术进步奖一等奖。

清华大学李晓锋副教授等人负责的项目"卧龙自然保护区都江堰大熊猫救护与疾病

图 2.4.39 2015 年王昭俊教授获奖

防控中心"获 2015 年度全国绿色建筑创新奖一等奖。

同济大学李峥嵘教授的科技项目"建筑遮阳应用关键技术与推广"获华夏建设科学技术奖一等奖。

重庆大学袁艳平、肖益民、雷波、茅靳丰、赵翔、何廷梅、毕海权、薛国州、袁中原、余秀清、付祥钊、郑立宁、周进、冯炼、余南阳负责的项目"地下空间热湿环境与安全关键技术及应用"获中国制冷学会科学技术奖一等奖。

西安建筑科技大学刘艳峰负责的项目"青藏高原近零能耗建筑设计关键技术与应用"获 2015 年度高等学校科学研究优秀成果(科学技术)奖一等奖。

中国人民解放军陆军工程大学耿世彬、韩旭的项目"重大地铁站热湿环境调控及地铁老线升级换代通风空调关键技术"获住建部科技奖一等奖。

中国人民解放军陆军工程大学茅靳丰的项目"地下空间热湿环境与安全关键技术及应用"获中国制冷学会科技进步奖一等奖。

中国人民解放军陆军工程大学缪小平的项目"悬索桥主缆除湿系统关键技术研究"获中国公路学会科技进步奖一等奖。

中原工学院郑慧凡、范晓伟等人的项目"多喷射器太阳能供冷设备的研发"获河南省教育厅科技进步奖一等奖。

学术会议

同济大学组织举办学术会议"第十一届国际通风技术大会"(Ventilation 2015)和"2015 中欧天然气效率技术研讨会",大会均由国内外学术机构联合举办,分别邀请国内外学术界权威学者发表主题演讲和学术报告,与会总人数达到 400 多人。

6 月,上海理工大学举办第三届建筑围护结构热湿性能提升国际研讨会。

天津大学和大连理工大学主办了 ISHVAC－COBEE 国际会议,有近 500 名参会者,其中国外参会者达 120 人。会议论文出版了 Procedia Engineering 期刊一本,及 3 本 SCI 期刊专刊。

7 月,重庆大学、英国雷丁大学和英国剑桥大学共同主办的"第七届建筑与环境可持续发展国际会议暨中英合作论坛"在英国雷丁大学和剑桥大学举行。本次会议由英国建筑科学研究院(BRE)、中国绿色建筑委员会、中国城市规划设计研究院、深圳市建筑科学研究院有限公司、西南地区绿色建筑基地及重庆市绿色建筑委员会等单位参与。来自英国、美国、爱尔兰、荷兰、意大利、土耳其、新西兰、澳大利亚、日本、印度、韩国、中国等 20 个国家和地区的 180 余人参会。会议共收到了论文 150 余篇,特邀 10 位专家分别作大会主题和专题报告,100 余篇论文的作者到会宣读了论文,12 名学生获得最佳学生演讲者荣誉证书。会议已被重庆大学列为重点打造的高端系列学术会议。

7 月 10~11 日由全国暖通空调专业指导委员会主办、北京工业大学承办"第十届全国人工环境相关学科博士生导师研讨会"。来自清华大学、南京大学、哈尔滨工业大学、湖南大学等全国近 40 个高校以及来自美国、日本等海外高校的博士生导师出席会议并就学科前沿发展和人才培养问题进行了深入讨论。

10 月,大连理工大学主办,清华大学和芬兰 VTT 技术研究中心协办了第八届寒冷气候暖通空调国际会议(Cold Climate HVAC 2015),该国际会议最初是由北欧暖通空调学会联盟(SCANVAC)发起的系列国际会议,每三年召开一次。大会主席和大会组委会主席由端木琳教授担任(大连理工大学),会议学术委员会主席由 Olli Seppänen 教授(芬兰)和江亿院士(清华大学)担任。会议的主要议题是探讨寒冷地区的可持续性建筑节能、零能耗建筑、供热技术与政策、可再生能源利用、通风热回收、热泵技术、建筑模拟、农村地区的建筑节能、工业建筑环境以及室内环境质量等热点问题,旨在为科学家、设计师、工程师、设备生产商及其他相关人士提供一个国际交流与合作平台。会议还得到美国供热制冷与空调工程师协会(ASHRAE)、欧洲供热与空调协会联盟(REHVA)、中国制冷学会(CAR)、中国暖通空调学会(CCHVAC)等学术团体和中国住房与城乡建设部等部门的大力支持。暖通空调在线作为专业媒体也作为大会支持单位,对会议进行宣传报道。

10 月,清华大学主办 Annex59 高温供冷低温供热项目专家执行委员会。

端木琳,1959 年 4 月生,博士,教授,博士生导师,芬兰国家技术研究中心(VTT)/芬兰阿尔托大学(原赫尔辛基工业大学)访问教授。大连理工大学建筑环境与设备工程专业第一任教研室主任、实验室主任,兼任土木水利学院城市建设系主任。1999 年 8 月由沈阳建筑工程学院(现沈阳建筑大学)引进到大连理工大学,主持建环新专业建设。制定了第一个本科人才培养方案,完成了专业发展和实验室规划,建成了建筑环境与设备工程实验室。实验室主要有土壤源热泵空调系统和人工环境小室,经过2012年升级改造和逐年维护,至今一直在使用。这两个实验台,不仅在本科教学、科学研究方面起到很大的作用,也为后续人才引进、建设新的实验台打下了基础。

图 2.4.40 端木琳

端木琳教授(图2.4.40)还兼任教育部高等学校土木类专业教学指导委员会建筑环境与能源应用工程专业教学指导分委员会委员(2018~2022),全国高校建筑环境与设备工程学科专业指导委员会第三至六届委员会委员（1997~2005、2005~2009、2010~2014、2015~2019),住房城乡建设部高等教育建筑环境与能源应用工程专业评估委员会委员(2012~2015,2016~2019,2020~2024),全国暖通空调学会热泵专业委员会副主任委员(2015~2019),中国城镇供热协会技术委员会委员(2017~2020)和农村工作委员会副主任委员,辽宁省土木建筑学会暖通空调专业委员会副主任委员(2011~2015,2015~2019),《制冷学报》编辑委员会委员(第八届理事会2012~2016,第九届理事会2016~2020),《区域供热》第二届编审委员会委员(2018~2021),《建筑节能》编审委员会委员(2020~2022)。曾任中国被动式超低能耗绿色建筑创新联盟副理事长,中国城市科学研究会绿色建筑与节能专业委员会委员,全球环境基金(GEF)大连市供热改革与建筑节能示范项目技术专家,大连生态科技创新城生态城市建设顾问。建筑能源效率与环境国际会议(International Conference on Building Energy and Environment,COBEE2008 大连 and COBEE2012 Colorado)组委会联合主席,中芬建筑能源效率研讨会(China－Finland Building Energy Efficiency Seminar in China)主席,寒冷地区暖通空调国际会议[The 8th International Cold Climate HVAC Conference (Cold Climate 2015)]主席。

端木琳一直从事建筑环境与设备工程(原暖通空调专业)的教学和科研工作。先后在人体舒适性、工位空调、污水/海水源热泵、太阳能－土壤源热泵、农村住宅采暖、超低能耗建筑等方面做了较为深入的研究。主持和参加多项国家级、省部级以及其他各类课题的研究工作,包括国家自然科学基金、"十三五"国家重点研发计划项目、"十二五"和"十一五"国家科技支撑计划重点项目、"十五"科技攻关项目等30余项课题的研究工作。获得华夏建设科学技术奖二等奖两项、华夏建设科学技术奖三等奖一项、辽宁省科技进步奖三等奖、大连市科技进步奖一等奖、大连市"阳光杯""巾帼节能技术创新发明奖"三等奖等,被评为大连市优秀专家,获得大连市"巾帼建功"标兵荣誉称号。在国内外学术刊物(如 Energy and Buildings、Renewable energy、太阳能学报、制冷学报、暖通空调等)上公开发表论文百余篇。主编《辽宁省民用建筑太阳能热水系统一体化技术规程》《辽宁省海水源热泵技术规程》、《辽宁省污水源热泵技术规程》。

2016 年

教育发展

同济大学 2016～2017 年中国科学评价研究中心（RCCSE）、武汉大学中国教育质量评价中心专业评价排名，建筑环境与能源应用工程专业排名第二；同年，《QS 世界大学学科排名》发布的结果，同济大学的建筑环境（Built Environments）世界排名第 22，国内第二。

大连理工大学供热、供燃气、通风及空调工程学科成为学校"一流学科"重点建设学科之一。

南京工业大学建筑环境与能源应用工程专业遴选为南京工业大学"双一流"大学建设校品牌专业 B 类建设点。

2016 年和 2017 年，安徽建筑大学建筑环境与能源应用工程专业分别被列为安徽省省级综合改革试点和省级品牌专业建设点。

2016 年至今，中国石油大学适应社会需求及专业评估认证的要求，逐步强化暖通方向，暖通与燃气并重发展。

武汉科技大学和河北工业大学建筑环境与能源应用工程专业首次通过了住建部组织的本科专业评估。

西安交通大学、兰州交通大学和天津城建大学建筑环境与能源应用工程专业通过了住建部本科专业教育评估复评。

华中科技大学、中原工学院、广州大学和北京工业大学建筑环境与能源应用工程专业通过了住建部本科专业教育评估复评（三次）。

教学成果

《流体力学》（第三版）（普通高等教育"十二五"国家级规划教材、高校土木工程专业指导委员会规划推荐教材），刘鹤年、刘京编，中国建筑工业出版社。

《工程热力学》（第六版）（普通高等教育"十二五"国家级规划教材、高校建筑环境与能源应用工程专业指导委员会规划推荐教材），谭羽非、吴家正、朱彤编，中国建筑工业出版社。

《室内空气环境评价与控制》（"十二五"国家重点图书出版规划项目），王昭俊编著，哈尔滨工业大学出版社。

《工程流体力学泵与风机》(普通高等教育"十三五"规划教材),伍悦滨、王芳、曹慧哲、朱蒙生等编,化学工业出版社。

《建筑环境测试技术》(第三版)(普通高等教育"十二五"国家级规划教材、高校建筑环境与能源应用工程专业指导委员会规划推荐教材)方修睦,张建利,姜永成编,中国建筑工业出版社。

科技成果

1月,在2002年首批获准建立的市政环境科技创新基地基础上,哈尔滨工业大学建筑环境与能源应用专业成功申报学校市政环境创新创业教育实践基地,并获得3年持续资助。如今已购买适合于本专业、用于本科生科技创新的小型、便携式仪表111套,如风速仪、温湿度一体测试仪、红外式测温仪、$PM_{2.5}$检测仪、太阳辐射仪、CO_2浓度检测仪、分贝测试仪、黑球温度计等,为学生创新创业教育实践活动提供了良好条件。建筑环境与能源应用工程专业实践基地部分仪器设备如图2.4.41所示。

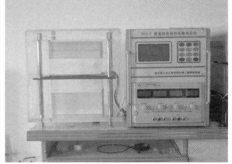

图 2.4.41　建筑环境与能源应用工程专业实践基地部分仪器设备

除此之外,哈尔滨工业大学教师为了完成教学或现场测试目的还积极研发、自行设计了许多具有专业特色的仪器设备。例如,为满足建筑节能现场测试和实验教学要求自行设计、开发的建筑围护结构热工性能测试实验装置。该测试装置由环境冷(热)箱、移动冷源和智能多路温度热流现场检测仪组成。测试围护结构的热工性能需要在一定的温差下进行,使用环境冷(热)箱建立测试条件,通过控制箱内温度,使试件两侧产生一定温差。在相对稳定状态下,由现场检测仪对温度、热流密度等参数的进行连续测量,自动计算出热阻、传热系数等热工性能参数,完成实验测试任务。该测试设备已用于建筑节能现场测试及建筑环境与能源应用工程专业实验教学和科技创新活动,得到用户好评(图 2.4.42)。该装置荣获全国第三届高等学校自制实验教学仪器设备作品评选二等奖(图 2.4.43)。

图 2.4.42　建筑维护结构热工性能测试实验装置

图 2.4.43　建筑围护结构热工性能测试实验装置优秀作品获奖证书

大连理工大学建设建筑室内热环境实时监测可视化平台(图 2.4.44)。

重庆大学建立绿色建筑与人居环境营造教育部国际合作联合实验室。

南京理工大学组建成立了人工环境与建筑节能研究所。

① 太阳能空气采暖系统运行效果可视化

② 建筑集成相变蓄热性能实验

图 2.4.44 气候自适应建筑室内热环境实时监测可视化平台

清华大学付林教授的项目"全热回收的天然气高效清洁供热技术及应用"获 2016 年北京市科学技术奖一等奖。

清华大学夏建军教授的项目"低品位工业余热应用于城镇集中供热技术"获 2016 中国节能协会科技进步奖一等奖。

西南交通大学袁艳平的项目"地下空间热湿环境与安全关键技术及应用"获四川省科技进步奖一等奖(排名第一)和中国制冷学会科技进步奖一等奖(排名第一)。

中国人民解放军陆军工程大学缪小平的项目"悬索桥主缆除湿系统关键技术研究"获得中国公路学会科技进步奖一等奖。

中国人民解放军陆军工程大学茅靳丰的项目"地下空间热湿环境与安全关键技术及应用"获得四川省科技进步奖一等奖。

中国人民解放军陆军工程大学彭福胜的项目"海南省人防 028 工程"获得人民防空工程优秀设计一等奖。

南京工业大学张维维、胡江北、朱琴和夏乐天获得第九届全国大学生节能减排社会实践与科技竞赛一等奖。

西南交通大学袁艳平负责的项目"地下空间热湿环境与安全关键技术及应用"获得四川省科技进步奖一等奖(排名第一)和中国制冷学会科技进步奖一等奖(排名第一)。

学术会议

10 月,天津大学受国家自然科学基金委委托资助,组织召开国际生物能源与环境前沿技术研讨会。

10 月,大连理工大学联合韩国首尔国立大学举办由国家自然科学基金委资助的东北亚防霾建筑技术论坛,参会 48 人。

11 月,在重庆召开"可持续建筑环境(SBE)国际会议暨长江流域建筑供暖空调解决方案国际研讨会"。其中,"可持续建筑环境(SBE)"国际会议由重庆大学联合科技部"国家级低碳绿色建筑国际联合研究中心"、教育部国际合作联合实验室、重庆大学城环学院以及中国建筑科学研究院共同举办;来自英国剑桥大学、牛津大学、美国佛罗里达大学、日本东北大学、英国驻重庆总领事馆,以及中国建筑科学研究院、清华大学、重庆大学、浙江大学、同济大学、海尔集团、美的集团、香港大学、香港理工大学等 20 多个国家和地区、40 余家单位的 100 余名学者、研究人员及行业专家参加了会议。本次会议还得到了可持续建筑环境国际倡议组织(International Initiative for a Sustainable Built Environment iiSBE)、国际建筑研究与创新委员会(International Council for Research and Innovation in Building and Construction CIB)、联合国环境规划署(United Nations Environment Programme UNEP)、可持续建筑与气候倡议组织(Sustainable Buildings and Climate Initiative)、国际咨询工程师联合会(International Federation of Consulting Engineers FIDIC)等国际组织和机构的大力支持。

第十一届全国人工环境相关学科博导会由大连理工大学主办,同年大连理工大学建筑环境与能源应用工程专业本科生培养计划修订,邀请业内资深专家召开"建筑环境与能源应用工程本科专业培养方案修订论证会",为本科生教育质量提高提供了宝贵经验。

12 月,上海理工大学主办全国室内环境与儿童健康(CCHH)第二阶段上海研讨会。

2017 年

教育发展

9 月,哈尔滨工业大学建筑热能工程系并入建筑学院。此次安排是基于学校"双一流"建设总体规划,将暖通燃气学科归并到建筑学院,符合本专业发展要求,能够为新时代专业的发展提供良好机遇。至此,作为拥有两个国家一级重点学科的建筑环境与能源应用工程专业,其专业建设进入到一个全面高速发展时期。

西安建筑科技大学获得陕西省一流专业建设项目(国家一流专业培育)。

2017 年天津城建大学暖通专业被评为天津市优势特色专业。

南华大学、合肥工业大学、太原理工大学和宁波工程学院建筑环境与能源应用工程专业首次通过了住建部组织的本科专业评估。

大连理工大学和上海理工大学建筑环境与能源应用工程专业通过了住建部本科专业教育评估复评。

沈阳建筑大学和南京工业大学通过了住建部本科专业教育评估复评（三次）。

清华大学、同济大学、天津大学、哈尔滨工业大学和重庆大学通过了住建部本科专业教育评估复评（四次）。

教学成果

《供热工程》（普通高等教育"十二五"国家级规划教材、高校建筑环境与能源应用工程专业指导委员会规划推荐教材），邹平华主编，中国建筑工业出版社。

哈尔滨工业大学王昭俊等编著的研究生课程教材《室内空气环境评价与控制》获黑龙江省高等教育学会优秀高等教育研究成果一等奖（图2.4.45）。

图 2.4.45　2017年王昭俊教授等人的获奖证书

同年，赵加宁教授的项目"寒地建筑绿色性能优化设计关键技术研究与应用"获黑龙江省科技奖一等奖（图2.4.46）。

图 2.4.46　2017年赵加宁教授获奖证书

西安建筑科技大学李安桂负责的项目"扎根西北，面向国家战略需求，创新建筑环境专业人才培养模式的改革与实践"获陕西省教学成果一等奖。

2018 年

教育发展

6月，应哈尔滨工业大学王昭俊教授邀请，美国普渡大学教授、科技部973计划项目首席科学家、十三五国家重点研发项目负责人陈清焰，作为哈尔滨工业大学"海外名师"项目专家访问了暖通专业。陈清焰博士为哈尔滨工业大学客座教授。访问期间，陈清焰教授为学院师生带来了两场精彩的学术讲座，并与学院领导和相关教师就科研合作、ISHVAC 2019 会议筹备工作等进行了探讨与交流。2018 年陈清焰教授来访留念如图 2.4.47 所示。

图 2.4.47　2018 年陈清焰教授来访

中南大学主办了第一届湖南省高等学校制冷与建环学科发展与教学研讨会。

中国矿业大学与皇家墨尔本理工大学开展了国际合作项目 Investigation of Indoor Air Quality（IAQ）Conditions in Educational Facilities，为建筑环境与能源应用工程专业学生的国际化培养进一步奠定了坚实的基础。

东北林业大学、重庆科技学院、安徽工业大学、广东工业大学、河南科技大学和福建工程学院建筑环境与能源应用工程专业首次通过了住建部组织的本科专业评估。

西南交通大学通过了住建部本科专业教育评估复评、高等教育建筑环境与能源应用工程专业评估委员会复评。

长安大学通过了住建部本科专业教育评估复评、高等教育建筑环境与能源应用工程专业评估委员会复评(三次)。

陆军工程大学(原中国人民解放军理工大学)、东华大学和湖南大学通过了住建部高等教育建筑环境与能源应用工程专业评估委员会复评(四次)。

科技成果

哈尔滨工业大学姜益强教授参与的科研项目"典型气候地区既有居住建筑绿色化改造技术研究与工程示范"获华夏建设科学技术奖一等奖(图 2.4.48)。

图 2.4.48　2018 年姜益强教授参与项目的获奖证书

大连理工大学 BIM 智能设计、装配与运维技术平台建于 2018 年,该平台是基于 IBE 提出的 BIM 工程结构体集成化设计方法,形成了 BIM 结构体数据库和云管理平台;并自主研发了装配式制冷机房 BIM 建模、预制和装配式安装技术,实现了暖通空调系统冷水机房的预制化和装配化。并联冷机 BIM 工程结构体如图 2.4.49 所示;并联水泵 BIM 工程结构体如图 2.4.50 所示;并联冷却塔 BIM 工程结构体如图 2.4.51 所示。

重点研究:①机电设备系统 BIM 智能设计技术;②基于 BIM 的机电设备系统预制加工技术;③基于 BIM 的机电设备系统现场装配技术;④基于 BIM 的机电设备系统运维管理技术;⑤绿色建筑 BIM 设计与评价技术;⑥地铁高铁及机场环境系统 BIM 运维管理技术。

西安建筑科技大学李安桂负责的项目"建筑室内 $PM_{2.5}$ 污染全过程控制理论及关键技术"获建设科学技术奖一等奖。

山东建筑大学李永安获得 2018 年山东省制冷空调设计大赛一等奖。

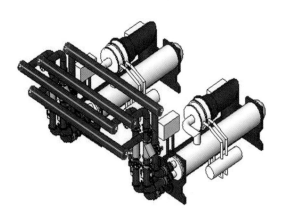

图 2.4.49　并联冷机 BIM 工程结构体

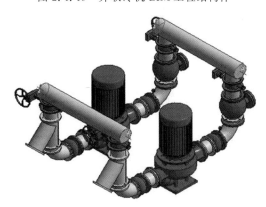

图 2.4.50　并联水泵 BIM 工程结构体

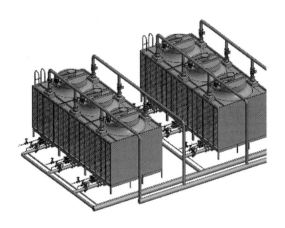

图 2.4.51　并联冷却塔 BIM 工程结构体

　　沈阳建筑大学的项目"地方工科高校校企协同育人的研究与实践"获辽宁省高等教育教学成果奖一等奖。

　　中南大学"捉影布风"——基于视频动态识别技术的空调环境智能控制器获得全国节能减排科技竞赛一等奖。

学术会议

7月,由美国国家自然科学基金会和大连理工大学共同资助,大连理工大学和美国德雷克塞尔大学共同主办的可持续建筑领域女教授国际研讨会在大连理工大学国际会议中心隆重举行。会议围绕围绕建筑围护结构、建筑系统运行、人与建筑一体化和城市规模的可持续性展开,从建筑围护结构、建筑系统运行、人与建筑一体化和城市规模的可持续性四个方面进行讨论。本次会议受到中美各个高校的女教授的热烈响应,有来自美国、克罗地亚和中国 36 所大学的 42 名女性学者以及大连理工大学暖通空调学科的部分女博士研究生参加,其中外方学者 23 人,国内学者 19 人,包括相关领域的学科带头人、知名建筑师及相关期刊的编辑,参加会议的代表来自建筑、材料、暖通空调、自动控制等可持续建筑的各个专业。通过专家主旨演讲和讨论交流环节将可持续建筑的前沿问题进行了深入研讨,涉及专业领域广,前瞻性强。此次会议的会务工作主要是由大连理工大学端木琳教授团队的部分女研究生完成的,彰显了女性研究者在学科领域内非凡的工作和组织能力。女性教授在可持续建筑领域中具有重要意义,鼓励女性教授在可持续建筑领域中发展,可以促进这一领域的成长和创新,并吸引更多女性进入工程和建筑领域。

2019 年

教育发展

山东建筑大学建筑环境与能源应用工程专业获评国家一流专业建设点。

桂林电子科技大学获批土木水利专业学位硕士点(供热、供燃气、通风及空调工程方向)。

天津城建大学建筑环境与能源应用工程专业获批天津市一流专业建设点。

燕山大学、江苏科技大学、湖南科技大学和东北电力大学建筑环境与能源应用工程专业首次通过了住建部组织的本科专业评估。

吉林建筑工程学院、青岛理工大学、河北建筑工程学院、中南大学和安徽建筑工业学院通过了住建部高等教育建筑环境与能源应用工程专业评估委员会复评(三次)。

西安建筑科技大学通过了住建部高等教育建筑环境与设备工程专业评估委员会复评(四次)。

科技成果

大连理工大学建筑与区域环境移动检测—诊断平台建于 2019 年,该实验台以维柯环境检测车为本体进行环境检测车的改装,车顶安装升降支架用以安装车载气象站系统,预留安装太阳能电池板支架,并设置升降杆用以加持传感器进行特定位置的测试和采样。车内设置双人位工作站,预留工控机及显示设备安装位置,以进行数据的实时显示和处理。车内装配各类气体分析监测仪器以及网络通信等测试相关仪器设备,并且结合移动检测车,制定了动态情况室外污染源的逆向辨识策略,可以实现对室内外气象参数及污染物等多角度、全方位监测,如图 2.4.52~2.4.54 所示。

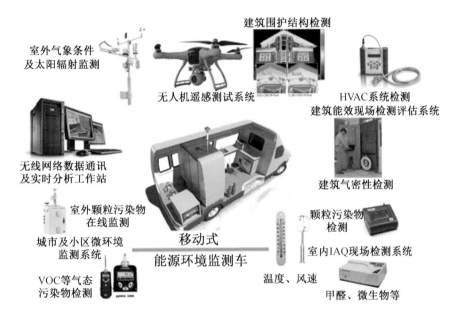

图 2.4.52　移动式能源环境监测站示意图

北京联合大学将"绿色建筑与信息化技术研究所"调整为"人工环境与能源应用研究所(校级)",专业逐步向建筑绿色化、信息化和智能化方向发展,建立了绿色冷热源工程实验室、BIM 与智慧建筑实验室、洁净与空气品质实验室,以及人工气候室、多隔间洁净实验平台、气体吸附技术实验平台等大型设施和系统。

西安建筑科技大学王怡负责的项目"大型工业建筑环境质量提升与节能关键技术"获中国钢结构协会科学技术奖。

沈阳建筑大学黄凯良的项目"Indoor air quality analysis of residential buildings in northeast China based on field measurements and longtime monitoring"获得省政府自然科学奖一等奖。

图 2.4.53　移动监测站

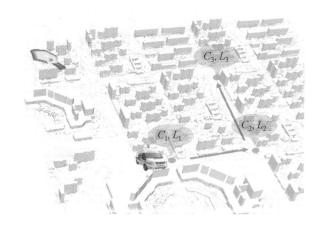

图 2.4.54　移动监测站工作示意图

国际会议

7月,第十一届国际供暖通风及空调学术会议(The 11th International Symposium on Heating,Ventilation and Air Conditioning,ISHVAC 2019)在哈尔滨工业大学召开,宣传海报如图 2.4.55 所示。此次会议由哈尔滨工业大学主办,由王昭俊教授担任大会主席。共有来自美国、俄罗斯、加拿大、英国、芬兰、丹麦、瑞典、挪威、德国、澳大利亚、韩国、日本、印度、罗马尼亚、中国等近 20 个国家和地区的约 500 名代表出席,其中国外代表约 80 人。

图 2.4.55 2019 年 ISHVAC 会议宣传海报

2020 年

教育发展

北京联合大学建筑环境与能源应用工程专业被评为北京市一流本科专业建设点,同年获批土木水利专业硕士学位授权点。

河北工程大学建筑环境与能源应用工程专业获学校推荐为省级一流本科专业。

西安科技大学建筑环境与能源应用工程专业获批"双万计划"陕西省级一流专业。

教学成果

西安建筑科技大学李安桂教授"空气调节"课程被评为国家级一流本科课程。

大连理工大学"流体输配管网"课程获得了首批国家级本科线下一流课程。该课程以人为本,提出了"转教为启,变教为导;促学强思,兼学重悟"教学理念,实施全程开放式实验教学模式,《"变教为导、变学为悟"建筑环境与能源应用工程专业开放式自主研究性实验教学模式改革与实践》获得辽宁省优秀教学成果奖三等奖。

科技成果

西安建筑科技大学李安桂负责的项目"地下隧道及洞库环境安全保障关键技术研发与应用"获华夏建设科学技术奖一等奖。

西安建筑科技大学刘艳峰负责的项目"西藏高原可再生能源供暖关键技术创新与应用"获西藏自治区科学技术奖一等奖。

20 世纪 90 年代,水环热泵空调系统在我国得到广泛应用。据统计,1997 年国内采用水环热泵空调系统的工程共 52 项。到 1999 年,全国约有 100 个项目,20 000 台水源热泵机组在运行。

我国的热泵新产品不断涌现。90 年代初开始大量生产空气源热泵冷热水机组,90

年代中期开发出井水源热泵冷热水机组,90 年代末又开始出现污水源热泵系统。

进入 21 世纪后,由于我国沿海地区的快速城市化、人均 GDP 的增长、2008 年北京奥运会和 2010 年上海世博会等因素拉动了中国空调市场的发展,促进了热泵在我国的应用越来越广泛,热泵的发展十分迅速,热泵技术的研究不断创新。2000～2003 年,热泵的应用、研究空前活跃,硕果累累,真可谓进入新世纪,热泵在我国的应用与发展开了个好头。

同济大学建筑环境与能源应用工程专业积极选派教师出国进修、交流学习,促进国际学术交流与合作。近五年通过访学、夏令营、国际会议等方式进行国际交流达 77 人次,也接受境外留学生交流访学 3 人。

天津大学 3 年来以访问学者身份先后陆续派出了教师 9 人次到美国(普渡大学,雪城大学,劳伦斯伯克利国家实验室)、丹麦(丹麦技术大学)、香港等地进修深造。邀请美国、澳大利亚、瑞典、日本、加拿大等地的知名教授学者十几人次来校访问或讲学。

2012 年至 2015 年 7 月,天津大学建筑环境与能源应用工程专业共开设专业教学实验 22 个,其中"空调制冷技术"实验 2 个、"锅炉及锅炉房设备"实验 3 个、"供热工程"实验 3 个、"流体输配管网"实验 2 个、"暖通空调 B"实验 4 个、"建筑环境学"实验 2 个、"热质交换原理与设备"实验 1 个、"建筑环境检测"实验 2 个、"洁净技术"实验 1 个。2015 年 7 月专业实验室搬迁至北洋园校区后,重建了散热器性能实验台、小型空气处理机组实验台、旋风除尘器实验台和气象站;同时新建了能源站、风光互补实验台、太阳能综合利用实验台和人工环境舱实验台。在以上搬迁重建和新建的实验台中,散热器性能实验台、小型空气处理机组实验台和旋风除尘器实验台已建成,其余实验台已完成招标工作。新实验室建成后,将增加 6 个实验,包括太阳能光伏发电实验、太阳能综合利用实验、风机性能与变频调节实验、转轮除湿实验、气流组织实验、人工环境舱演示实验。

西安建筑科技大学十分重视学术交流活动,与英国卡迪夫大学、日本大学、澳大利亚新南威尔士大学、日本九州产业大学、美国华盛顿州立大学、日本建筑学会、加拿大康科迪亚大学、荷兰 Delft 科技大学以及中国香港城市大学等建立了交流关系,相互开展了学术研究,学生合作培养等交流。该专业为"陕西省土木学会暖通专业委员会""西安制冷学会""西安热能动力学会""陕西省热能动力学会""西安市能源动力学会""陕西省制冷学会"的团体会员单位。本学科的教师近 5 年来赴国外进行合作研究、学术进修访问及参加国际会议等 20 余人次,参加国内学术交流会议 200 余人次。举办了"中英零碳城镇可再生能源系统研讨会"等。

第三章　发展中的暖通

第一节　专业的就业方向

一、设计

建筑设计单位、制冷空调设备工程公司暖通空调系统设计、建筑给排水工程设计;制冷空调设备制造企业设备设计等。

二、造价预算

暖通空调、建筑给排水工程预决算和安装工程招投标。

三、施工组织管理

建筑安装工程公司(包括建筑消防工程公司)暖通空调、建筑给排水及建筑电气工程施工组织管理。

四、工程监理

质量检查部门(质量监督局、检测站)设备安装质检工作,安装工程监理公司监理工作。

五、运行管理

对高级商厦、宾馆饭店、办公大楼、机场大厅、邮政大楼、医院治疗室等民用建筑;医药厂、卷烟厂、纺织厂、飞机汽车船舶制造厂、冷冻厂等工业建筑;物业管理公司等建筑设备进行运行管理。

六、销售与管理

制冷空调设备工程公司产品(中央空调和小型中央空调设备)销售及管理。

七、行业资格证书

注册造价师、一级建造师、注册公用设备工程师（全国勘察设计注册暖通空调工程师）。

第二节　学科办学特色

一、哈尔滨工业大学

哈尔滨工业大学坚持立德树人根本任务,坚持人才培养中心地位,坚持要面向世界科技前沿、面向国家重大需求、面向国民经济主战场,秉承"规格严格,功夫到家"的校训,落实"以学生为中心,学习成效驱动"的教育理念,建立通识教育与专业教育相融合的本科教育体系,构建核心价值塑造、综合能力养成和多维知识探究"三位一体"的人才培养模式,强化"厚基础、强实践、严过程、求创新"的人才培养特色,着力培养信念执着、品德优良、知识丰富、本领过硬、具有国际视野、引领未来发展的拔尖创新人才。

加强通识教育,培养学生具有健全人格、历史使命感和社会责任心,在宽广学科视野中提出问题、分析问题和解决问题的能力,培养文献分析能力和批判性思维能力,培养团队精神和沟通能力。

优化专业教育课程体系。把培养方案修订与推进大类招生与大类培养改革、课程体系优化、课程结构调整、课程内容更新和教学方式改革紧密联系起来;强化课程的整合性,精炼专业核心课程,提高课程的挑战度,激发学生志趣,鼓励创新;建设与引进优质专业核心慕课,加强课程信息化建设,促进信息技术与教育教学深度融合。

秉承实践育人传统,加强工程实践能力培养,促进科研成果转化为实践教学内容,不断提升实践活动的挑战度和综合性。强化实践教学环节,促进理论课与实践教学紧密衔接,健全校企协同育人机制,落实实习实训、毕业设计(论文)等实践教学环节;加大校内外实践平台建设力度,加强实验室信息化建设,改善实践教学条件和环境。

完善课程体系、实训体系、平台体系和保障体系"四位一体"的创新创业教育体系,将创新创业教育贯穿人才培养全过程,授学生创新之道,育学生创新创业之能。

注重学生个性化培养,提升学生学习的自主性和开放性。打通本研课程体系,提高培养方案的弹性和灵活性,进一步解决"重重陈"等问题,实现完全学分制,形成个性化成长路径;建立多种类型的人才培养体系,逐步提高学生转专业、辅修、双学位的自由度;丰富科技创新项目,增加支持力度;推广导师制,强化学生学业指导与职业规划。

加强本科教育国际化,提升学生国际视野和跨文化交际能力。借鉴国际先进的教育理念和教学内容,建设与国际接轨的六大类英文课程体系,引入国外高水平慕课课程;引进海外高水平师资,选派师资赴欧美进修;完善海外研修活动学分认定程序和办法,支持学生参加海外研修活动,提高海外交流学生规模;推进与国外一流大学合作,吸引更多留学生,营造开放多元的学习氛围。

建立基于学生学习与发展成效的教育质量保障体系,持续改进教育教学质量。在广泛调研、充分论证的基础上,综合考虑国家社会需求、学科发展和学生成长,确定专业培养目标和培养要求,建立制度化的教学质量评估机制,促进教与学的持续改进,确保人才培养质量的不断提升。

二、清华大学

清华大学坚持加强基础教育、明晰专业核心课程体系、秉承实践育人传统、加强国际化培养力度、推动因材施教。

根据学生学习方法和思想状态的特点,特别强调从以往注重知识灌输的教学方法,向启发引导式的教学方法转化,充分发挥改革开放后出生的青年学生求知求学的主动性和积极性。而实现这种转化,仅依靠教师在课堂上讲课技巧的提高是远远不够的,还必须对课程体系进行优化。

面向国家重大需求,调整课程体系,做好精品课程建设和引领高校教学的作用;因材施教,做好本科生的精细化培养;面向节能减排主战场,注重实践教学,强化学生实践能力;适应全球化进程,增强国际交流,拓展国际化视野。

三、同济大学

同济大学面向未来国家建设和行业发展需要,根据德、智、体、美全面发展,"知识、能力、人格"三位一体的培养目标,使学生在新的培养模式下,掌握建筑环境与能源应用工程领域的基本原理和基本知识,培养专业知识面宽、工程实践能力强、具有创新意识的复合型工程技术应用人才,并充分考虑后续学位的基础教育。

专业教育的特色在于,发挥同济大学在土建类学科的传统优势,面向当前经济形势和行业特点,系统讲授民用建筑环境与能源系统知识的同时,强化在净化空调、通风除尘、区域能源等工业生产领域的专业特色,培养面向设计研究、工程建设、设备制造、运营管理等企事业单位的复合型工程技术应用人才,从事采暖、通风、空调、净化、冷热源、供热、燃气等方面的建筑机电系统设计、能源规划设计、节能与生态建筑咨询、能源装备研发制造、各大城市燃气公司、民用与商业燃烧设备企业、综合能源服务、系统施工安装、机电设备运行管理及保障等技术或管理岗位工作。

四、天津大学

天津大学以培养高素质拔尖创新人才为目标,坚持"办特色、出精品、上水平"的办学思路,坚持"育人为本""教学优先""质量第一"的教育教学理念,对学生实施综合培养,不断加强本科教育,建立起了适应新世纪经济建设和社会发展需要的教育教学体系。

天津大学的本科教育始终注重基础,不仅注重自然科学和工程技术基础,还注重思想文化素质基础,以为学生构建综合的知识结构。开设贯穿多门课程的课程设计,解决专业课的内容与其在设计中的应用之间最后一米距离的问题,同时将各门课程所讲授的内容有机衔接。

鼓励教师进行科学研究,参加工程实践。鼓励学生积极参加教师主持的科学研究和工程实践项目,许多本科生所完成的实践教学题目直接来自于教师的科研和工程实践项目,如学生完成的毕业设计题目,很多来自于教师的设计工作或与之相关的内容。还有很多毕业设计课题是指导教师带领学生在设计院参加实际工程设计时完成的。这些方式既检验了学生的知识水平,又培养了学生的实际设计研究能力,使学生进一步了解了设计过程中各专业配合的必要性,收到了良好的效果。

城市建设与环境工程学院团委开办了"湘琳班",面向学院全体本科生,通过三个教育阶段,即"普及式教育阶段""选拔实练教育阶段"和"精英式教育阶段",遵循大学生科技教育从易到难、循序渐进、知识传授与能力培养齐头并进的规律,在全院本科生中普及科研知识,选拔具有潜力的本科生深入开展科学研究,完善学院本科生科技教育体系,力求培养综合能力强的高素质科研人才。

五、重庆大学

重庆大学秉承"研究学术、造就人才、佑启乡邦、振导社会"的办学宗旨,坚持"扎根重庆,立足西南,面向西部,服务全国,走向世界"的办学思路,以"通识教育、能力培养、学制贯通、学科交叉、学研融合、国际视野"为重点,构建适应新时期国家、社会和学生发展需要、具有自身特色的大学教育体系,突出理论教学、工程实践训练和科学研究有机结合的办学特色,培养具有一定国际视野的高素质科学技术研究创新型人才和高素质工程技术研究应用型人才,使之成为能够适应和驾驭未来的人。

结合创办国际知名、国内一流的研究型学院的办学定位,建筑环境与能源应用工程专业的本科教学具有自己的鲜明特色。

(1)注重能力与素质,培养多类型人才。

(2)多类型人才培养模式和完整的课程体系。

(3)科学的教育教学方法。

(4)本专业人才培养国际化。

(5)注重能力培养。

六、陆军工程大学

陆军工程大学是一所综合性工程类大学,知识人才密集,军事科技先进,对推动陆军转型具有内在固有的特殊优势。尤其凭借在工程技术和装备领域的深厚积累,对陆军转型步伐具有不可替代的作用。

国防工程学院全面贯彻习近平强军思想,坚定不移、坚持不懈地以军事人员现代化为核心,系统加强高素质陆军人才培养。坚持面向战场、面向部队、面向未来,培育"铸城精神"和"铸城文化";适应新形势、新任务、新要求,以更新教育理念为牵引,面向转型建设,深化教研改革,推进实战化教学训练,形成文化与军事兼重、理论与实践一体、专业与任职融合、院校与部队共育的人才培养新模式;坚持科学技术是核心战斗力的理念,持续提升科研服务打赢、服务部队、服务教学能力;加强与国内外军地院校、作战部队和科研院所的交流合作,促进联教联训联研,充分发挥学院人才培养的源头奠基作用、科技创新的核心支撑作用和理论学术的前瞻引领作用。

陆军工程大学国防工程学院办学特色如下。

(1)注重厚基础、精专业教育。

(2)坚持实现教学、科研和科技开发的平衡发展。

(3)强调学员工程实践能力培养。

(4)重视对学员科研素养及创新能力培养。

七、东华大学

东华大学秉承"严谨、勤奋、求实、创新"的优良校风,以"崇德博学、砺志尚实"为校训,推行"一切以学生的全面发展与成才为中心"的教育理念,以国际化的办学视野和严谨求实的教学管理,面向全球培养德才兼备的高质量专门人才。

东华大学建筑环境与能源应用工程专业办学特色如下。

(1)适应市场经济和区域性及经济全球化对人才要求的变化,调整人才培养模式,修订教学计划,整合课程体系,培养以工业领域暖通空调与节能为特色、兼顾民用暖通空调的建筑环境与能源应用工程技术人才。

(2)教学和科研与工程实践相结合。加强与工程界的联系,注重工程实践能力的培养,及时将研究成果和工程实践引入理论和实践教学。使教学内容紧跟科学技术的发展。

(3)充分利用上海的地利优势,认真学习国内外先进科学技术,抓住工业尤其是工业领域暖通空调特点(热湿控制;通风空调;除尘净化;建筑环境空气污染控制),博采众家之长,培养自己的专业教育特色。

(4)重视掌握数学、物理、流体力学、热力学、传热学、电工学、自动控制原理、建筑环境学等基础理论教育;重视训练工程制图、外语、计算机等基础能力培养;重视设计、施工、运行管理的动手能力训练。

八、湖南大学

(1)传承"岳麓书院"文化传统,突出湖湘文化特色。

传承"岳麓书院"优秀文化传统,突出湖湘文化特色,培养学生"实事求是,敢为人先"的精神面貌。充分利用学校岳麓书院优势资源、课程建设资源及社会资源,将文化素质教育贯穿到整个学科人才培养的全过程。

(2)教授、博导活跃在教学第一线,保证了教学质量。

几十年来,暖通专业的教授、博导始终工作在教学第一线。目前,在课堂教学上,建筑环境学、流体输配管网、热质交换原理与设备及建筑环境测量技术等 10 余门本科课程,全部或部分章节由教授、博导承担。

（3）教学与科研相结合,注重实践教学环节,学生工程实践能力强。

暖通专业一向重视本科生实践能力的培养。开设了"工程设计方法"等实践与理论相结合的课程;在生产实习上,充分利用校内和校外生产实习基地,培养学生实际动手能力;在毕业设计上,要求指导教师必须具有一定的实际工程设计经验,且毕业设计题目来自实际工程;在专业实验台及实验课程建设上,充分考虑其开放性,允许学生根据自己的想法,自己组织科学实验,改变演示实验的状况,通过学生自己动手,加深对专业知识的理解,进行发明创造。

（4）充分发挥自身优势,强调基础对专业教育的支撑作用。

暖通专业利用自身专业基础教研室、博导和基础教学带头人的优势,强调基础课程对专业的支撑作用,专业基础和专业紧密结合。在教学计划中,加大自然科学和技术基础课程的比重;在本科教学中,要求专业课教师听专业基础课;在授课内容上,要求教师做到基础与专业的上下联系。

（5）在教学内容和教学方法上,东西方兼容并包。

暖通专业在几十余年的建设发展过程中,在人才培养、教材编写、教学内容、教学方法和科学研究等方面,一直与美国、日本等国的有关大学保持紧密的联系。与此同时,本专业也吸收欧美等西方国家先进的教育思想和教学方法,包括邀请海外大学知名教授直接给我们的学生开课,如香港理工大学杨洪兴教授等。

九、西安建筑科技大学

（1）重视实践性教学环节。

除建立了上海宝山钢铁公司、武汉钢铁公司两个具有鲜明特色的学生实践基地外,还建立了大金空调、西安青云空调公司、陕西省水产供销冷冻厂、宝鸡兴业国元空调、西安市热力公司、爱默生高校拓展教学基地等认识实习基地,以及西北建筑设计研究院、陕西省建筑设计研究院等毕业实习基地,保证了学生实习环节的顺利进行。通过实际工程训练,增强了学生的知识综合运用能力和实践能力。

（2）突出学科交叉、交融。

突出学科交叉、学科渗透在学生能力培养中的地位和作用。在建筑电器和建筑设备智能化等方面开设了相关课程;突出学科交叉、相融在本科生培养中的作用。

（3）重视双语教学。

双语教学是培养高素质、高水平人才的重要途径。从 2002 级开始,环境与市政工程学院在全校率先成立了双语教学班,并制定了相应的教学大纲、教学计划和学籍管理办法,根据教学计划,每学期设置1～2门双语教学课程,包括基础课、专业基础课和专业课,全部采用英语原版教材,聘请校内教师或外籍教师进行英语授课。双语教学的专业基础课和专业课面向环境类各个学科,以扩大学生知识面、提高英语运用能力。

（4）重视培养学生的创新意识。

为提高教育教学质量,培养学生的创新意识,使本科生尽早接受科学研究训练,学校从2001级起在各年级实施"大学本科生科研训练（SSRT）"计划。训练计划采用多种方式,主要包括参加本院教师的国家级和省部级科研项目、参加全校范围内开设的系列讲座以及校内、外各类科技大赛等。SSRT计划为大学生科研、创新能力的培养和提高创造了一个很好的平台,促进了本科生对科研工作及本学科领域的了解,活跃了学生思维,培养了他们的协作精神,增强了学生的创新意识和能力,并取得了很好的效果和反响。

十、北京建筑大学

根据北京建筑大学环境与能源工程学院培养应用型人才定位,围绕"立足首都、面向全国、依托建筑业、服务城市化"的办学方向,以培养"工程素质高"和"实践能力强"的应用型专业人才和培养学生的创新精神和实践能力为重点。通过工程技术实践训练与人文社会实践结合,强化实践能力和创新精神的培养。

根据北京的城市发展需要,以及北京大型公共建筑、高层建筑和高档住宅小区多,城市燃气化和利用清洁能源的城市可持续发展特点,学生的专业培养分为"暖通空调"和"燃气工程"两个方向。

十一、华中科技大学

华中科技大学在半个多世纪的创业与发展中,始终保持"敢于竞争,善于转化"的精神状态,秉承"求是、进取"的优良传统,遵循"实力是根本,发展是硬道理"的指导方针,在每一个重要的转折时期,抢抓机遇,乘势而上,提出并形成了自己具有前瞻性的独特的办学思想,实现了学校的可持续发展。

根据学校的办学思想,结合本专业的发展特点,院系办学思想是:坚持以"学生为本"的理念,深入实施教学质量工程,建设"一流教学,一流本科,一流学术";以专业建设、课程建设、实验室建设、教学团队建设为核心,深化教学模式、教学内容和教学方法的改革,探索新的人才培养模式,完善高素质创新人才培养的体制机制,着力提高人才培育质量。建筑环境与能源应用工程专业以"工程应用为主"的培养模式转变为"工程技术基础研究和工程应用齐头并进"的培养模式,即定位为"研究—应用"并进型专业。以国家级优势特色专业、品牌专业的建设为目标。

（1）针对本专业工程实践性强、学生感性认识不足等特点,在专业基础课、专业课的课堂教学过程中,坚持以教师为主导,师生教与学互动交流的同时,充分利用多媒体和网络辅助等现代教学手段,以图片或动画的形式展现于学生面前,增强学生的感性认识,激发学生学习课程及专业的兴趣,使学生在课堂教学时间内,领略到学科的全貌及最新发展动态,提高教学效率。

(2)利用多媒体教学信息量大的特点,适当引进一些工程实例,调动学生将理论知识应用于工程实际的热情,在培养学生理论联系实际能力的同时,使学生的创造能力及综合素质在潜移默化中得到提高。

(3)开展仿真教学,丰富教学内容。学院购置了工业通风、供热工程、锅炉与锅炉房设备、空气调节、空气调节用制冷技术、流体输配管网、热质交换原理与设备等多门课程的素材库,既可供教师教学选用,也可以给学生进行演示,进行仿真教学和仿真实验。

(4)在毕业设计的选题中,兼顾全面与创新,毕业设计选题趋于多元化,越来越多的选题突破了传统的中央空调系统的设计,更多的具有研究的性质。为了使学生得到全面的训练,规定了毕业设计的具体内容和要求,鼓励学生采用空调新技术,如冷热源系统采用地源热泵技术、使用新风全热交换器、负荷计算采用计算软件、室内气流组织采用模拟软件等。

(5)聘请设计院资深工程师为专业的兼职教授,加强对学生工程思维能力的培养,同时教师的实践能力也得到了提高。

十二、广州大学

广州大学人才培养方案贯彻"能力为上、应用为本、创新为魂"的专业教育理念,根据"宽口径、实基础、强能力、高素质"的本科人才培养总体要求,突出应用能力和创新精神的培养,增强人才培养的专业适用性和行业针对性;遵循教育教学的基本规律,充分调动学生学习的自觉性和主动性,注重因材施教,提高综合素质,为学生的全面发展提供条件;优化课程结构体系,构建通识教育和专业教育相结合的教育体系;推动从偏重知识传授向更加重视能力培养和素质养成的转变,不断提高学生的实践创新能力和社会适应能力。

(1)立足专业规范,拓宽专业口径,服务地方经济。

作为地方院校,以往生源主要集中在广东省,其中广州市生源约占70%左右,学生的就业主要集中在珠江三角洲地区,因此,在教学过程中,一直存在重"冷"轻"热"的现象。因此,在2012版人才培养方案中,对教学内容进行了进一步优化,摒弃了传统的重"冷"轻"热"的思维,在教学内容和教学方法上进行了大幅调整,在继续重视传统的建筑环境夏季工况调节的同时,调整了暖通空调系统、供热工程、冷热源工程等课程,加强了"热"类课程的学时及教学内容,使学生能更好地适应社会需求。

（2）优化课程体系，突出工程能力，强化创新精神。

建筑环境与能源应用工程专业作为广州大学第一个实施"卓越工程师教育培养计划"的试点专业，根据"卓越工程师教育培养计划"要求和特点，对课程体系进行了优化，建设"科学理论—技术基础—工程素养"为主线的理论课程体系，形成"融合递进式"的实践教学体系，制订"分阶段、多层次、模块化"的实验课程体系。通过理论课程与实践过程的融合递进式教学，实现了理论教学与实践教学的系统化、校内校外培养环节的一体化，强化了工程能力的培养。

（3）坚持通专融合，重视综合素质，培养工作能力。

首先，重视通识教育与专业教育相融合，在制订人才培养方案时兼顾通识教育，设置了通识类必修课35学分共660学时，通识类选修课11学分共176学时，使学生知识、能力、素质协调发展。其次，在人才培养方案中设置了国情教育与社会服务环节，并独立设置学分，作为学生毕业考核的依据之一。此外，在人才培养方案的各个环节，有意识地培养学生的组织协调能力、团队协作精神和环境适应能力。

十三、北京工业大学

贯彻北京工业大学"立足北京、依托北京、服务北京、辐射全国、面向世界"的培养定位目标，在全国专业教学指导委员会的指导下，基于北京市经济社会发展的需求，以理论教学建立学生基本知识体系，以实践教学构筑学生工程实际应用知识体系，提高解决工程问题的能力，加强工程素质的全面训练。本专业培养的本科毕业生既可从事民用与工业建筑暖通空调系统设计，又可从事楼宇自动控制系统设计，形成适合北京国际化大都市以及京津冀一体化建设的专业特色，实现建筑环境与能源应用工程学科与电控学科交叉培养，并在教学体系中突出工程素质培养。

近年来，由于楼宇自控系统商品化和集成化的程度极高，功能、性能和可靠性进一步提升，通过本专业四年本科教育培养楼宇自控技术应用型、复合型人才的想法变为可行。因此，自2003版培养计划开始，本科教学增加了辅修的"建筑智能化系列课程"，强化实践环节，注重学生工程素质培养。

强化培养学生建筑环境与能源应用工程技术理论及技术应用实践能力。坚持理论与实践相结合，加强实践性教学环节，校内建立了奥运场馆通风空调与新能源应用实训平台、北京工业大学校内供冷站和锅炉房等实训基地，同时在校外建立了"中法能源培训中心"、北京瑷玛斯区域供冷有限公司等实习基地。

此外，国家级实验教学示范中心建设、国家级虚拟仿真实验教学中心以及科研基地建设为专业建设提供了坚实的基础，以北京市和教育部建筑环境与设备工程特色专业建设为依托，在专业指导委员会指导下，制订人才培养计划，整合优化课程体系，对主干课程进行专项建设,深化教学内容、教学方法的改革,促进本科教学教育水平的全面提升。

十四、沈阳建筑大学

（1）打造科技平台，引领地域特色实践。

近年来,沈阳建筑大学建筑环境与能源应用工程专业注重培养学生专业科研能力,注重北方地区的建筑环境与能源应用工程专业技术的研究与实践。以沈阳建筑大学"中德节能示范中心"和"超低能耗被动式建筑示范中心"为教学研究对象和科研实践平台,将应用的高效被动式建筑围护结构保温系统、绿色建筑监测与智能控制系统、密闭空腔透明幕墙体系、可再生能源系统、地道新风系统及余热回收系统、相变蓄热技术、高能效的室内照明系统和太阳能光伏发电系统等建筑节能关键技术融入实验、教学和科研中,为探索我国严寒地区超低能耗绿色建筑技术起到了积极的示范作用,加强了产、学、研、用于一体的科技创新体系建设,不断增强服务地方经济能力。提高了专业实践教学条件,实现国家级科技创新平台的新突破,取得了丰硕的标志性成果。

（2）创新创业教育改革，引领专业快速发展。

专业一直以深化创新创业教育改革作为专业综合改革的重要举措和突破口。依托辽宁省教育厅重点实验室、辽宁省工程技术研究中心、辽宁省高等学校教学示范中心,校内外实践基地等实践平台,将学生课外科技活动融入实践教学体系和社会实践中,定期组织安排综合性、设计性、创新性和实践性的科学试验、社会调研、创新研究及创业实践活动,开设"暖通空调技术应用""制冷技术应用""建筑节能技术"等选修课程,通过"导师制"带领学生参加"全国大学生创业计划大赛""大学生创新创业训练计划""挑战杯"全国大学生课外学术科技竞赛等各类竞赛、项目。为了保障创新创业教育改革的顺利进行和良性发展,校、院两级均建立了学生创新创业制度和实施方案。学校成立了大学生科研和科技创新活动领导小组,制定并实施了大学生科研创新能力培养实施办法和学生科研立项制度以及奖励制度,校、院两级同时在经费和政策上支持教师从实际科研中剥离适合学生的研究内容。自2016级起,在公共课中设置全校大学生创业基础、大学生创新力开发课程。

（3）抓紧 BIM 设计机遇，突显人才培养特色。

为强化学生的实践技能训练和创新精神培养,培养学生的观察能力、动手能力、分析能力和创新能力,从2015年开始,大四学生中开设了一周的BIM基础设计辅修实践课程,邀请学校BIM中心本专业教师进行暖通空调专业BIM操作课程教学。要求毕业设计至少有一张BIM设计图,鼓励课程设计和毕业设计采用BIM设计完成。利用学校BIM中心的软件平台,对学生进行三维BIM设计培训。2015年成立了BIM协会和BIM网络群,以专业特色为主导,联合学校BIM工程研究中心,为本专业学生BIM资源信息共享、学习、培训和参赛搭建专业技术平台。通过组织 BIM 社团开展丰富多彩的 BIM 设计活动、系列讲座和参加比赛,调动了学生学习 BIM 的积极性,展示了沈阳建筑大学建筑环境与能源应用工程学生的风采,并检验了学生学习 BIM 的成果,近 3 年获得国家、省、市各级 BIM 大赛奖励 30 余人次。利用寒暑假、实习、课程设计和毕业设计等实践环节,开展专业应用 BIM 现状调研与设计应用等社会实践,选送多名大三、大四学生入驻沈阳华维工程有限公司、沈阳建筑大学 BIM 工程研究中心等实践基地,参与基于 BIM 的专业工程设计、施工和研发等实际工程建设,调动学生的学习热情,使学生在大学期间就能够掌握现代化的设计手段,增强学生利用现代化软件的能力,推进在地方高等学校 BIM 系统的应用,从而全面逐步解决社会对高等学校 BIM 的需求,从根本上改善大学生的就业环境与就业机遇。BIM 教学的引入,必将提高沈阳地区在全国建筑领域的竞争力,同时为辽宁培养出高水平的人才,为辽宁省的现代化经济建设服务。自 2016 级起,在公共课中设置全校 BIM 应用技术课程。

十五、南京工业大学

立足江苏,服务行业,结合国家和地方需求,坚持内涵发展,深入探索教育教学和学生成长成才的规律,充分发挥学院的教学主动权、教师的教学主导权、学生的学习选择权,改革培养体系,创新教学方法,增强学生的社会责任感、创新精神和实践能力。坚持"育人铸魂、精神成人、教书启智、专业成才"的教育理念,构建"素质、能力、知识"三位一体的教育模式,努力培养高素质的复合型创新创业人才。

坚持德育为先,增强德育工作的针对性和实效性,培养合格的社会人;坚持能力为重,着力提高学生的学习能力、实践能力和应用能力,培养成功的职业人;坚持全面发展,提升综合素质,激活创新能力,培养德智体美全面发展的创新人。逐步形成了"坚持教育教学与生产劳动、社会实践相结合,以工程设计能力的培养为核心,拓展学生的知识结构,使学生具备社会竞争力;立足江苏,服务行业,重视学科交叉融合,拓展人才培养平台,促进专业全面发展"的优势和特色。

尽管我国高等教育形势发生了极大变化,学生的就业去向也日趋多元化。但是学校本科生面向工程应用的培养定位没有变。暖通专业的学生大多数在建筑施工企业、工程设计、房地产公司、设备销售、监理等部门就业,工作在生产的第一线。这些行业虽然性质各异,却存在共同的技术交集,即必须以工程设计方案为基础。因此学校长期坚持把培养学生具有扎实的工程实践能力作为主要的目标,并把它落实到培养计划中。

另一方面,按照"厚基础、宽口径、强能力、高素质"的人才培养要求,在培养方案中注重适应社会需求,完善学生的知识结构。重视基础教学:一是重视掌握数学、物理、流体力学、传热学、工程热力学、建筑环境学、热质交换原理与设备、流体输配管网等基础理论;二是重视训练工程制图、外语、计算机应用等能力;三是重视设计、施工、运行管理等工程方法的基础;四是重视实验研究的基础理论和基本方法,努力加深和拓宽基础。同时,重视能力训练和工程师能力培养。在本科四年教学过程中,注意培养学生独立获取知识的能力,使毕业生具有踏实工作的作风,能很快地独立承担工程实践任务,并具备一定的科学研究能力。

十六、长安大学

发展"教学—实践—创新"教学模式,注重学生工程实践能力和创新能力的培养。

注重综合型和设计型实验平台的建设,不断改进教学实验条件,丰富教学实验内容;建立校外实习基地和校内实训平台,确保认识实习、生产实习和毕业实习的教学质量;鼓励和组织学生积极参加创新训练活动和各类专业竞赛活动。

围绕专业核心课程,建设特色课程体系。在课程体系建设中,突出知识的互联性、贯通性、整体性及对新领域和交叉学科的辐射性;为了提升设计实践教学的效果,在培养计划中加入了与实践教学设计同步的具有指导性的课程。

"双师型"特质教学团队的建设与实践。"双师型"特质教学团队建设除了可以提升本科实践教学水平、服务地方经济建设以外,还可以扩大教学团队的科研课题来源、快速推广科研成果以及促进实践工程设计的技术进步和集成创新。由此也进一步推动了理论与实践教学并重的"教学—实践—创新"教学模式的发展。"双师型"特质教学团队的建设与实践已经逐渐成为专业的教育优势与特色之一。

十七、吉林建筑大学

为使毕业生能够适应建筑业转型升级,结合地域性建筑环境和能源应用工程特点,在教学工作中通过专业基础知识的交叉融合,搭建通识性理论平台;强化供热工程和通风空调双专业课主线,突出地域特色;注重实践教学环节与工程实际结合,满足行业人才需求。

专业毕业生就业方向集中在一线工程技术岗位,学生的工程实践能力对于适应岗位的人才需求至关重要。课程设置及教学内容以突出培养工程意识、提升实践能力为中心,具体包括以下几方面。

(1)增加实践教学环节学时,加强实践教学管理。

在新修订的培养方案中,实习设计等实践环节达35周,并将实习时间与寒暑假有机结合,延伸实习时间。在设计安排上增强课程设计的综合性,开设了暖通空调综合课程设计Ⅰ、暖通空调综合课程设计Ⅱ、热源及热网综合课程设计、建筑给排水及消防综合课程设计等,为学生综合利用专业知识,解决工程实际问题打下良好基础。

(2)推进实践教学改革,保障实践教学质量。

探索实践教学规律,开展实践教学改革专项教研。专业教师承担了吉林省教育厅"科研与教学结合构建本科生立体化实践教学训练体系""实施契约式教学法构建应用型创新人才的教学模式的研究"等教学研究课题。研究成果在创新实验、实习实训和专业设计中探索实验、推广应用。

(3)强化专业软件在工程设计中的应用。

培养方案中设置了 CAD、BIM 等相关课程,结合 CAR－ASHRAE、MDV 等专业设计竞赛鼓励学生应用专业软件。为学生提供 TRANSYS、DEST 建筑能耗模拟和地源热泵系统模拟的软件平台,培养学生应用专业软件进行建筑能耗模拟、建筑模型构建、建筑运行管理参数化调试、自控方案选择等相关工作,使学生快速适应建筑产业化发展要求。

(4)注重创新创业意识和能力培养。

培养创新方法、树立创业意识。将创新创业教育植入教学计划。开设实践类课程"暖通空调综合检测技术",开发科技创新实验,打造"研究生＋本科生"的可持续创新学习模式,鼓励学生参加专业竞赛。

十八、青岛理工大学

学校贯彻党的办学方针,坚持社会主义办学方向,遵循高等教育规律;倡导学术民主与学术创新、社会公允和以人为本,秉承"百折不挠、刚毅厚重、勇承重载"理工大学精神传统;高质量地培养高素质人才,服务于社会和经济建设发展。"十三五"期间,努力把学校建成为学科特色鲜明、省内一流、国内知名的高水平大学。

在通识教育平台中,设置专业创新创业课组,突出专业创新创业意识和能力的培养。专业教育课程平台中,将原培养计划中"施工"和"设计"两个培养方向的课程重新调整,在设计和计算机选修课组中,均分配一定的课时用于实践能力的培养,如小设计(或课程大作业)、上机实践等,使学生在掌握理论知识的同时,提高知识的综合运用能力和实际操作能力。

教学中积极推进实践教学模式改革,开展企业参与的实践教学改革,结合青岛地域特点和行业发展,积极主动寻求企业参与实践教学。目前,已经与青岛能源集团、青岛海信日立空调有限公司、青岛海尔集团、青岛建设集团、YORK 空调有限公司、LG 空调有限公司、青岛多联多制冷有限公司、青岛青义锅炉有限公司、青岛海牛暖通企业平台等企业合作建立了多个实践基地,并与远洋大厦、丰和广场、福泰广场、金茂湾等物业管理部门建立了实习合作关系。

为了进一步完善实践教学环节,2017 年利用虚拟平台技术和计算机仿真技术,结合现代计算机网络教学技术建设了虚拟仿真实训实习平台。以青岛远洋大厦为场景,按照建筑实际空调系统设置虚拟空调系统,使学生通过虚拟方式漫游机房、标准层空调系统、新风机组、冷却塔、管路等设施,并设有学习、考核模块。

环境与市政工程学院积极推进本科生科技导师制,以本科生科研训练项目为载体的本科生科技导师制已形成制度,卓有成效。教师结合自身承担的科研项目,将研究内容引入本科生科研训练教学工作中。自2015级开始,为全面贯彻实施学分制改革,每一级学生均由专业教师承担学业导师工作。

十九、河北建筑工程学院

根据学校"立足河北,服务于区域经济和建筑行业"的定位,充分利用学校在河北省建筑行业的影响及河北省、山西省和内蒙古自治区对暖通空调技术人才的需求以及学校的地理优势,发挥专业在暖通空调方向上的人才培养优势,坚持以"暖通空调"为专业发展的主要方向,以燃气输配、建筑给排水为辅助方向。以暖通空调理论和技能提升人才的专业水准,以燃气输配、建筑给排水方向拓宽人才的适应领域,形成一专多能的人才培养模式。

校外有7个签约实习基地,有12个较为固定的实习单位;2016年暖通空调系统综合实验平台的建成,更加完善了直观教学、现场教学、综合实验、认识实习、毕业实习等环节的硬件条件;以学校清洁能源供热与技术研发中心为依托,建立实验、实践教学和认识、生产实习校内实习基地。

二十、中南大学

中南大学办学的总体指导思想是坚持"面向现代化、面向世界、面向未来",全面贯彻党的教育方针和"科教兴国"的战略,秉承"经世致用"的校训,弘扬"求实、创新、团结、进取"的校风,形成严谨务实追求卓越的品质,着力提高人才培养质量、学科建设水平和综合办学效益。

(1)以建筑为核心,坚持建筑节能和空气品质为主线,培养新时代人才。

随着能源紧张和空气质量下降,建筑节能和空气品质控制已经是建筑环境与能源应用工程学科的首要任务,在新的专业培养方案的制定中,始终贯穿这一主线。课程设置中通过"新生课""制冷空调与建筑节能新进展"等课程的设置,以及在其他课程讲授过程中,向同学们介绍建筑节能和空气品质控制中的新进展,以培养新时代人才。

(2)坚持暖通与制冷并重,培养宽口径人才。

专业自办学之初即采用暖通空调与制冷相结合的培养方案,目前依然坚持以暖通空调为主、结合制冷的主干课程模式,形成了暖通空调与制冷相结合的专业特色。

(3)坚持产学研相结合的培养模式,培养高素质人才。

注重学生在生产制造企业以及施工企业的实习,湖南凌天科技有限公司、广东省佛山市浩特普尔人工环境设备有限公司、长沙远大空调有限公司、常德科辉墙材有限公司等企业是专业挂牌的实习基地。

二十一、安徽建筑大学

(1)毕业生具有较全面的土建类学科专业知识,综合能力强。

(2)注重工程实践能力的培养,学生具有较强的实践能力和较高的工程素养。

(3)传承"徽匠精神",培养学生扎根基层的品质和服务基层的能力。

(4)加强教育教学改革,重视第二课堂对学生能力的培养。

(5)与注册接轨的知识体系的传授,实现最大限度地与执业注册知识体系接轨。

二十二、西安交通大学

(1)按年级安排不同阶段的专业培养课程。

(2)依托高水平实验教学平台,给予学生国内一流的专业实验技能培养。

(3)注重实践教学。

(4)注重学生个性培养,加强创新实验建设。

二十三、兰州交通大学

培养学生较强的工程实践能力是暖通专业在长期办学过程中形成的鲜明特色之一。专业一向重视本科生实践能力的培养。在实验教学中,不断改善实验室条件,保证教学实验开出率达到100%;在专业实验台建设上,充分考虑其开放性,允许学生自己组织科学实验,通过学生自己动手,加深对专业知识的理解,力争有所创新。

专业实习的创新:①坚持校外为主、校内为辅、兼容并蓄、求真务实的实习基地建设思路;②加强实习管理和考核制度;③学生直接参与现场工作;④创新专业实习模式、提高实习质量。

学校出台了多项举措以强化设计环节,尤其毕业设计,如鼓励青年教师参与企业工程实践、鼓励各专业聘请部分设计及施工单位工程技术人员作为辅助指导教师、毕业设计一人一题、限定教师指导人数、指导教师需提供题目简介方便学生选题、校院多级全程督查、设计(论文)查重等。

环境与市政工程学院一贯重视国内外学术交流合作,注意汲取先进的教育理念、教学经验和管理经验,通过交流与合作,开拓思路,提高水平。经过数年的不懈努力,已经与加拿大、澳大利亚、日本、法国、美国、英国、德国、瑞典等国家的科研院所、高等学府建立了广泛的合作,近5年先后派出了6人出国留学、进修,并邀请28位国内外专家学者来学院进行学术交流。

二十四、天津城建大学

全面贯彻党的教育方针,以"发展城市科学,培育建设人才"为办学宗旨,依托行业,强化特色,践行"重德重能,善学善建"。

天津城建大学设有暖通空调、城市燃气两个专业方向,两个方向均衡发展、相互扩展,符合暖通专业的发展趋势。

依据学校的人才培养目标定位,在教学计划中以工程能力培养为核心,强化实践教学环节。借鉴CDIO(构思、设计、实现、运作)的工程教育培养模式,以项目导向的思路整合实践教学内容,通过推动产学研融合,实施基于工程项目的探究式实践教学方法。

在长期的办学实践中,注重依托行业,与企业共同构建工程应用型人才培养模式。聘请行业专家具体指导各个教学环节,及时将专业的最新发展转化为课程教学内容。

二十五、大连理工大学

推进以"基于通识教育的宽口径专业教育"为特征的培养模式,大力推行研究型教学模式,注重培养本科生创新能力、创业能力、实践能力和团结协作能力;依托学科优势,完善办学条件,以科研促教学,实行教学与科研相结合,培养适应社会经济发展需要,"基础厚、口径宽、素质高、能力强"的复合型专业人才。

专业基础课和专业课的课堂教学注重基础与前沿问题、创新与实践能力、理论与实践有机结合。通过专业概论课和学科前沿实验,增进低年级学生专业认识,提高专业兴趣。以辽宁省精品资源共享课"建筑用制冷技术"为龙头,带动专业基础课和专业课的持续建设,贯通课程与课程之间的内在联系,提高学生系统化解决问题的能力。

将部分课程设计内容提前引入到专业课课堂教学中,进一步推进"做中学,学中做"的授课理念。以建筑供暖空调课程设计为样板,在相关专业课教学的课上课下开展实战型设计实践,加强了对专业课内容的理解与掌握,强化了将专业理论知识应用于实际的能力。

实施全程开放式实验教学模式与创新实践活动。针对专业实验课,进一步发展"变教为导、变学为悟"的实践教学理念,在实验期间最大限度地突出学生的主体地位,发挥学生之间教与学的作用,锻炼他们的工程应用能力;实验室支持学生开展多种科技竞赛活动。

引导学生自我教学、研究性学习并自主/分组完成课外大作业,以扩充课堂教学内容。在专业课中提倡开放式、多元化考核方法(如开卷考试、大作业答辩),从一年级开始训练与开发创新意识和创新思维,直到四年级不间断强化创新能力的培养。

二十六、上海理工大学

贯彻落实党的教育方针,坚持社会主义办学方向,遵循高等教育规律,坚持走"质量立校、人才强校、特色兴校"之路;以育人为根本,本科教育为主体;以工为主,理工结合,多学科协调发展,产学研紧密结合;立足上海,依托长三角,面向全国,放眼世界,积极主动为经济建设和社会发展服务;培养具有国际视野和较强创新精神和实践能力、德智体美全面发展的应用型高级专门人才。

提出了气、电、水三方向教学并行,确立以培养电控能力为特色的培养方向。

依托实验室建设和学生创新项目,培养学生创新精神和分析问题、解决问题的能力。

以学生创新项目为载体的学生创新培养模式,卓有成效。

第三节　学科内涵领域

一、流体力学与热学基础

流体力学是力学的一个分支,主要研究在各种力的作用下,流体本身的静止状态和运动状态以及流体和固体界壁间有相对运动时的相互作用和流动规律。流体是气体和液体的总称。流体力学与人类日常生活和生产事业密切相关,在人们的生活和生产活动中随时随地都可能遇到流体。

流体力学既包含自然科学的基础理论,又涉及工程技术方面的应用。从流体作用力的角度,可分为流体静力学、流体运动学和流体动力学;从对不同"力学模型"的研究来分,则有理想流体动力学、黏性流体动力学、不可压缩流体动力学、可压缩流体动力学和非牛顿流体力学等。

解决流体力学问题时,现场观测、实验室模拟、理论分析和数值计算几方面是相辅相成的。实验需要理论指导,才能从分散的、表面上无联系的现象和实验数据中得出规律性的结论。反之,理论分析和数值计算也要依靠现场观测和实验室模拟给出物理图案或数据以建立流动的力学模型和数学模式;还要依靠实验来检验这些模型和模式的完善程度。此外,实际流动往往异常复杂(例如湍流),理论分析和数值计算会遇到巨大的数学和计算方面的困难,得不到具体结果,只能通过现场观测和实验室模拟进行研究。

热力学是热学理论的一个方面。热力学主要是从能量转化的观点来研究物质的热性质,它揭示了能量从一种形式转换为另一种形式时遵从的宏观规律。热力学是总结物质的宏观现象而得到的热学理论,不涉及物质的微观结构和微观粒子的相互作用。因此,它是一种唯象的宏观理论,具有高度的可靠性和普遍性。

二、供热工程

供热工程是向生活、生产区域输送热能的设施的设计、建造、运行活动的总称,其设施和专业技术包括 3 个部分:①热源,如锅炉房、热电厂,是燃料转化为热能的设备和技术;②热网,是通过管道和热载体(工作介质、常用水或水蒸气)把热能输送到热用户;

③热用户,如住宅楼和使用蒸汽的工厂。

集中供热是指以热水或蒸汽作为热媒,由一个或多个热源通过热网向城镇或其中某些区域热用户供应热能的方式,目前已成为现代化城镇的重要基础设施之一,是城镇公共事业的重要组成部分。集中供热的介质主要有蒸汽、热水。其中,热水介质根据温度的不同又可以分为高温循环水、低温循环水等,高温循环水一般是 80 ℃左右,而低温循环水一般在 60 ℃左右。集中供热可以提高能源利用率、节约能源。供热机组的热电联产综合热效率可达 85％,而大型汽轮机组的发电热效率一般不超过 40％;区域锅炉房的大型供热锅炉的热效率可达 80％~90％,而分散的小型锅炉的热效率只有 50％~60％。

乡镇作为建筑中密度区,规模介于城市与农村之间,目前热源以热电厂与中小型燃煤锅炉房为主,存在少量的燃气锅炉房及工业余热利用。农村由于地域广、建筑布局分散,且地理位置偏远、负荷密度低,大多数农村地区不具备建设大规模集中供热系统的条件。此外,农村建筑围护结构保温性差,远达不到节能建筑标准,冬季供热主要以燃煤散烧与秸秆燃烧为主,对环境污染严重。对于热源,农村地区应根据当地资源禀赋,建立因地制宜、多能并举、持续推进的农村清洁供暖。

三、通风工程

通风工程是送风、排风、除尘、气力输送以及防、排烟系统工程的统称,包括通风喷油工程、净化工程、湿帘墙降温工程、无尘洁净工程、喷油净化工程、脉冲除尘工程、木工车间除尘工程、旋风除尘工程、环保空调工程、中央空调工程、废气净化工程、流水线工程。

通风机是依靠输入的机械能,提高气体压力并排送气体的机械,它是一种从动的流体机械。通风机广泛用于工厂、矿井、隧道、冷却塔、车辆、船舶和建筑物的通风、排尘和冷却;锅炉和工业炉窑的通风和引风;空气调节设备和家用电器设备中的冷却和通风;谷物的烘干和选送;风洞风源和气垫船的充气和推进等。通风机的工作原理与透平压缩机基本相同,只是由于气体流速较低,压力变化不大,一般不需要考虑气体比热容的变化,即把气体作为不可压缩流体处理。通风机有悠久的历史,中国在公元前就已制造出简单的木制奢谷风车,它的作用原理与现代离心通风机基本相同。

四、空调工程

空调工程以空调的基本原理、空调设备、空调系统及空调应用为主线,紧密围绕空调工程的知识内涵,系统介绍了湿空气的焓湿学基础,空调负荷计算与送风量的确定方法,空调基本原理及处理过程,空气热湿处理及净化处理设备,空调系统,空调区的气流组织和空调风管系统,空调水系统,空调冷热源的选择,空调系统的运行调节,空调系统的测试调整与运行管理,空调系统的节能、监测与控制,空调工程应用实例。

五、燃气工程

燃气是居民生活与工业生产必不可少的,随着社会经济的高速发展,燃气的需要量也越来越高,现在基本上所有的城镇都通上了燃气,个别乡、村也通上了燃气。为了供应燃气,燃气输配系统就显得尤为重要。燃气要运送到各个居民家中、工厂或者加气站里,就必须利用燃气输配系统来进行调节,把燃气安全、快速地运到居民家中、工厂或者加气站里。然而不同的地形所用的输配系统也不相同,所以要根据当地的地形地貌设计合理的输配系统。

随着社会经济的迅速发展,燃气对人民生活与工业生产的影响日益加强,人们对供气的质量和安全可靠性的要求不断提高。而用户用气的多少是经常变动的,因此供气不足或供气过剩的情况时有发生。而用气和供气之间的不平衡直接影响供气输配系统的完善性,即用气多而供气少,则输配系统的完善性差;用气少而供气多,则输配系统的完善性好。保持输配系统的恒定,可使供气和用气之间保持平衡,即用气多时供气也多,用气少时供气也少,从而提高供气的质量。在大力提倡节约能源的今天,研究高性能、经济型的燃气输配系统,对于城镇提高劳动生产率、降低能耗、信息共享,具有较大的经济和社会意义。

六、消防工程

消防工程系统包括消防水系统、火灾自动报警系统、气体灭火系统、防排烟系统、应急疏散系统、消防通信系统、消防广播系统、泡沫灭火系统、防火分隔设施(防火门、防火卷帘)等。

防排烟系统是防烟系统和排烟系统的总称。防烟系统采用机械加压送风方式或自然通风方式,防止烟气进入疏散通道的系统;排烟系统采用机械排烟方式或自然通风方式,将烟气排至建筑物外的系统。机械防排烟系统,都是由送排风管道、管井、防火阀、门开关设备、送排风机等设备组成。防烟系统设置楼梯间正压。机械排烟系统的排烟量与防烟分区有直接的关系。防烟楼梯间前室或合用前室,利用敞开的阳台、凹廊或前室内不同朝向的可开启外窗自然排烟时,该楼梯间可不设排烟设施。利用建筑的阳台、凹廊或在外墙上设置便于开启的外窗或排烟进行无组织的自然排烟方式。

自动控制消防喷淋系统是一种在发生火灾时,能自动打开喷头喷水灭火并同时发出火灾报警信号的消防灭火设施。自动喷淋灭火系统具有自动喷水、自动报警和初期火灾降温等优点,并且可以和其他消防设施同步联动工作,因此能有效控制、扑灭初期火灾,现已广泛应用于建筑消防中。

七、热舒适与室内环境

随着生活水平不断提高,人们对工作环境的要求也越来越高。据统计,人的一生中有82％以上的时间是在室内度过的,室内环境质量的高低直接影响人的身心健康、舒适感和工作效率。有专家测算,若适当改善室内环境质量,可将员工的工作效率提高15％～20％。因此,研究公共建筑室内环境质量对人体热舒适度的影响是非常重要的。

所谓室内环境质量,主要是指建筑室内热湿环境、光环境和室内空气品质的总体水平。主要影响因素有室内温度、空气湿度和风速。

(1)室内温度。室内温度是表征室内环境质量的主要指标,它直接影响人体对空气对流和辐射的冷热交换,是影响人体舒适度的主要因素。

(2)空气湿度。室内湿度是表征室内环境质量的重要指标,湿度过低,空气干燥,人体皮肤缺少水分而变得粗糙甚至开裂;室内湿度过高,为室内环境中的细菌、霉菌及其他微生物提供了良好的生长繁殖条件,加剧室内微生物的污染。

(3)风速。风速是指室内空气的流动速度,室内空气的流动促进了室内空气的更新,并在一定程度上加速人体的对流散热和蒸发散热,达到凉爽效果。

八、空气污染物传播与防控

近年来,我国空气质量整体加速恶化趋势明显,雾霾污染事件频繁发生,特别是在秋冬季雾霾天气发生频次明显增加,其中京津冀地区最为严重。中国环境保护部《2019年全国环境质量报告》显示:2019年12月,京津冀及周边地区优良天数比例为55.5％,主要污染物是细颗粒物($PM_{2.5}$)。$PM_{2.5}$也称为可吸入肺颗粒物,由于$PM_{2.5}$对重金属以及气态污染物等的吸附作用明显,对污染物有明显的富集作用,同时还可成为病毒和细菌的载体,对人体健康产生极大危害。雾霾污染研究是人体健康研究的迫切需要。现代生活使人们每天在建筑室内的时间已接近90％,大气环境$PM_{2.5}$污染的加剧直接影响室内环境的空气品质。因此,开展关于室外$PM_{2.5}$污染对室内环境的影响与防控研究具有非常重要的意义。

九、建筑节能

建筑节能,在发达国家最初为减少建筑中能量的散失,普遍称为"提高建筑中的能源利用率",在保证提高建筑舒适性的条件下,合理使用能源,不断提高能源利用效率。

建筑节能具体指在建筑物的规划、设计、新建(改建、扩建)、改造和使用过程中,执行节能标准,采用节能型的技术、工艺、设备、材料和产品,提高保温隔热性能和采暖供热、空调制冷制热系统效率,加强建筑物用能系统的运行管理,利用可再生能源,在保证室内热环境质量的前提下,增大室内外能量交换热阻,以减少供热系统、空调制冷制热、照明、热水供应因大量热消耗而产生的能耗。

全面的建筑节能,就是建筑全寿命过程中每一个环节节能的总和,是指建筑在选址、规划、设计、建造和使用过程中,通过采用节能型的建筑材料、产品和设备,执行建筑节能标准,加强建筑物所使用的节能设备的运行管理,合理设计建筑围护结构的热工性能,提高采暖、制冷、照明、通风、给排水和管道系统的运行效率,以及利用可再生能源,在保证建筑物使用功能和室内热环境质量的前提下,降低建筑能源消耗,合理、有效地利用能源。

庞大的建筑能耗,已经成为国民经济的巨大负担,因此建筑行业全面节能势在必行。全面的建筑节能有利于从根本上促进能源资源节约和合理利用,缓解我国能源资源供应与经济社会发展的矛盾;有利于加快发展循环经济,实现经济社会的可持续发展;有利于长远地保障国家能源安全、保护环境、提高人民群众生活质量、贯彻落实科学发展观。

十、可再生能源利用

可再生能源为来自大自然的能源,例如太阳能、风能、潮汐能、地热能等,是取之不尽、用之不竭的能源,是相对于会穷尽的不可再生能源的一种能源,对环境无害或危害极小,而且资源分布广泛,适宜就地开发利用。

可再生能源绿色环保、储量丰富,是自然界中可以被取之不尽用之不竭的绿色无污染能源,分布广泛。而常规能源的不可再生性会使能源需求和储量之间的矛盾变得越来越大,最终可能会影响国家经济的发展。人们开始逐渐重视可再生能源的应用,其作用也越来越明显。目前来看,我国建筑中的能耗速度日渐上升,由此来看,如果未来应用可再生能源来替代会对环境有破坏作用的化石能源的话,会极大地改善环境污染问题,保持生态平衡并且会降低建筑能耗,因为可再生能源与常规能源不同,可再生能源对环境污染小,对生态环境有益。

通过应用可再生能源,我们可以提高节能意识,让更多的人看到在建筑中应用可再生能源的益处,这样的话,会有越来越多的人将可再生能源应用到建筑中,逐渐降低建筑中的常规能源消耗,改善建筑能耗过高的情况。另外,应用可再生能源的同时会少用不可再生的化石能源,化石能源的储量是有限的,也就是说,迟早有一天,化石能源是会被用尽的,我们需要提前做好准备来面对这一天,所以我们需要提高能源的利用效率并且优化能源结构。我们在使用化石能源时,会排放出大量的污染物污染环境,然而我们的生活又离不开能源,因此我们可以选用可再生能源来减少化石能源的消耗,随即减少污染物的排放。

由上述分析可知,高端节能设备是非常具有必要性的,主要有新型热泵、太阳能设备、深层地热能等。太阳能是在其自身发生的核反应进程中持续释放的能量,是大自然中分布最广泛的可再生能源。在我国,运用太阳能的建筑很普遍,比如太阳能热水器、光电池等,都是通过运用太阳能进行节能,保护环境;另外,风能与太阳能相同,也是广泛分布并且绿色环保的可再生能源,现如今,我们主要利用风能来进行发电,为人们提供能源。

十一、绿色建筑与零能耗建筑

绿色建筑是指在全寿命周期内,节约资源、保护环境、减少污染、为人们提供健康、适用、高效的使用空间,最大限度地实现人与自然和谐共生的高质量建筑。零能源建筑,是不消耗常规能源建筑,完全依靠太阳能或者其他可再生能源。

绿色建筑及零能耗建筑技术是以可持续发展观念为主,注重在全寿命使用周期内节约资源、保护环境、减少污染,为人们提供健康、舒适、高效的使用空间,最大限度地实现人与自然和谐共生目的的绿色节能技术。在绿色建筑设计理念中,既要融入节能减排的观念,又要符合可持续发展战略。尽量减少合成材料的使用,充分利用阳光,节省能源消耗,为居住者创造一种接近大自然的感觉,从而实现人、自然、建筑和谐发展的目的。

十二、工业洁净与医疗洁净

洁净室,亦称无尘室或清洁室。它是污染控制的基础。没有无尘室,污染敏感零件不可能批量生产。在 FED – STD – 2 里面,无尘室被定义为具备空气过滤、分配、优化、构造材料和装置的房间,其中特定的规则的操作程序以控制空气悬浮微粒浓度,从而达到适当的微粒洁净度级别。无尘室是指将一定空间范围内空气中的微粒子、有害空气、细菌等污染物排除,并将室内温度、洁净度、室内压力、气流速度与气流分布、噪声振动及照明、静电控制在某一需求范围内,而所给予特别设计的房间。

众所周知,工业洁净与医疗洁净都十分重要。工业洁净室研究对象主要是灰尘,控制目标是控制有害粒径粒子浓度。手术直接关系到患者的生命安危,手术技术的发展很大程度上取决于手术感染控制技术的发展。在手术单元中,顶棚布置高效过滤器,在两侧距地面不超过 500 mm 处布置回风口,这样能合理地组织室内的气流,防止室内细菌粒子的积聚,并通过合理的气流组织迅速加以排出,保证室内的洁净度。而上送侧回的方式使手术台设置在手术室的中央区域,医生及有关人员在手术台的两侧,气流由上部风口送出,经手术台后再从两侧送回,这样能最大限度地保证手术台的高度无菌程度。手术室的温湿度必须控制在一定的范围内,因此设计中设定手术室温度为 $22 \sim 25 \, ^\circ\!C$;相对湿度为 $35\% \sim 60\%$,不同大小的房间配置相应的空调机和加湿器。

十三、运载工具空调与环境控制

随着火车的不断提速、高铁项目的成功运用,"高速"给国民生活带来了前所未有的便捷。载客量、车内人员活动量、室外空气温度的不断变化,使得火车车厢内空气参数不能时刻保持稳定,甚至严重偏离设计值,无法满足乘客的热舒适性要求。我们需要保证空调系统能够稳定运行、节约能耗,同时也要考虑空调环境的热舒适性、健康性。

十四、地下工程环境营造与控制

人类社会早期,为了防御野兽、抵御严寒酷暑已开始使用地下空间作为居所。到了现代,城市的迅速扩张、空间的严重短缺和不断攀升的城市地价,迫使人们把目光再次聚焦地下。开发地下空间的一个主要目标就是保护自然,改善地上传统城市的社会空间。

地下空间的环境品质影响着人们心理和生理的方方面面,有自然不可抗的,也有人为可以改变的。经过地下空间对人心理和生理影响的分析可以得出,自然光、地下空间布局、室内装饰是影响地下空间品质的三个方面,所以,优化地下空间环境的品质,可以从增加地下空间自然采光、灵活处理地下空间、合理装饰地下空间进行考虑和设计。

十五、数据中心空调

数据中心空调系统主要分为普通风冷机房空调、集中式中央空调系统和新风系统。其中集中式中央空调系统又分为水冷冷冻水空调系统、风冷冷冻水空调系统和集中冷却水空调系统。风冷机房空调,组成简单,由一个内机和一个外机组成,内机包含压缩机、蒸发器和膨胀阀,外机为冷凝器。集中水冷冷冻水空调系统主要由水冷冷水机组、冷冻水泵、冷却塔、冷却水泵、水处理设备、定压补水系统、冷冻水空调末端及管路阀门等组成。集中风冷冷冻水空调系统主要由风冷冷水机组、循环水泵、定压系统、冷冻水空调末端及管路阀门等组成。集中冷却水空调系统主要由闭式或开式冷却塔、冷却水泵、定压系统、壳管换热器、机房空调内机及管路阀门等组成。

十六、HVAC设备研发与改进

我们在进行设备研发时,需要注意很多问题,比如系统的参数直接决定着暖通空调的节能效率。因此,研发人员在对参数进行设计的时候,应该先对建筑工程的实际情况进行全面的了解和分析,然后再依据建筑工程所处区域的环境、气候以及人文条件,科学地对暖通空调的参数进行合理设计。系统的设备要具备高质量与高效能系统设备的选择,要摒弃掉传统的低效能设备,然后将更具备高效能的新型设备应用到暖通空调的系统当中,如风机以及轮转式全热交换器等。高效能设备的应用,不仅会提高整个暖通空调的综合效能,还能够促进暖通空调的进一步发展。此外,在选购设备的时候,还应当对设备进行全面检查,以确保设备在运行的过程当中,不会出现任何的质量问题。其中,对设备的检查内容包括:查看设备的完整性、有效性与合格性。

十七、HVAC数值仿真技术

计算机数值模拟是一项综合应用技术,它对教学、科研、设计、生产、管理、决策等部门都有很大的应用价值,为此世界各国均投入了相当多的资金和人力进行研究。数值模拟可以直观地显示目前还不易观测到的、说不清楚的一些现象,容易理解和分析;还可以显示任何试验都无法看到的发生在结构内部的一些物理现象。总之,数值模拟计算已经与理论分析、试验研究一起成为科学技术探索研究的三个相互依存、不可缺少的手段。

随着人们对暖通空调系统要求不断提高,其规模不断增大,空调能耗也在不断增加。探究暖通空调流通区域内的流动形态和温度分布规律,为合理安排空调线路并降低能耗,建立暖通空调流动区域的三维模型,运用仿真软件 fluent,对不同方式入口条件下的流通区域进行数值模拟分析,通过对计算结果的分析,得到流通区域内空气流动形态及温度的分布规律和变化规律。

十八、暖通空调系统智能化控制与智慧人居

在暖通空调自动化系统中,作为该系统自动化控制关键部分的自动控制器经历了一段时间的发展,出现了包括简单控制器、数字控制器、PLC 控制器在内的多种自动控制器。这些不同类型的自动控制器为暖通空调自动化系统的发展起到了积极的推动作用。

智慧人居是新一代信息技术(移动互联网、大数据、云计算、物联网)、新一代人工智能技术(具备认知和学习的能力、具备生成知识和更好地运用知识的能力)与先进供热技术的深度融合,包含智慧供热、智慧楼宇、智慧燃气等。以智慧供热为例,在智慧供热的各组成环节中,先进的供热技术是智慧供热的主体,智慧运行是主线,用户是智慧供热的核心。智慧供热将成为供热行业革新的推动力。

十九、城市柔性能源系统

城市柔性能源系统是以城市为规划单位,以可持续发展为主题(涉及可再生能源开发),以供热清洁化、低碳化健康发展为目标的,使热、电、气相互影响和协同发展的城市能源系统,是实现高效节能、低碳、减排和降低主要能源需求最便宜而且最有效的解决方案之一,也是为建设智慧能源城市做出准备不可或缺的手段之一。其包含区域能源、分布式能源、区域供冷等方面。

区域能源主要服务于全社会的能源体系,包含产业用能、建筑用能、交通用能,主要聚焦新能源、节能服务、能源综合利用、电能替代、储能、科技装备、创新服务、"互联网＋"等业务。重点抓住产业园区、工业企业、大型公共建筑、大型商业综合体、交通枢纽、数据中心等对象,瞄准重大项目资源,统筹运用能效诊断、节能改造、用能监测、分布式新能源发电、冷热电三联供、现代储能等多种技术,开展并引领区域能源服务业务发展。

分布式能源是一种建在用户端的能源供应方式,可独立运行,也可并网运行,是以资源、环境效益最大化确定方式和容量的系统,将用户的多种能源需求以及资源配置状况进行系统整合优化,采用需求应对式设计和模块化配置的新型能源系统,是相对于集中供能的分散式供能方式。区域供冷就是在一个建筑群设置集中的制冷站制备空调冷冻水,再通过循环水管道系统,向各座建筑提供空调冷量。

二十、城市微气候规划与控制

城市快速发展进程中大规模的城市建设和更新改造引发的城市微气候环境质量下降问题极大地影响了城市环境的宜居性及城市生活质量。气候的适宜程度决定着人居环境的舒适与否,也是人们评价城市宜居性的重要标准之一。21 世纪以来,越来越多的城市居民开始关注城市环境的宜居性,宜居城市已经成为众多城市政府大力推崇的长期建设目标。气候对城市宜居性的影响主要表现在两个方面:其一,宏观地域气候对城市宜居性产生较大的影响,例如寒地城市长达半年之久寒冷的"冬季生态"效应造成城市冬季道路交通不便、景观单调、户外空间环境质量下降、能源损耗加大、户外公共生活不活跃等方面的问题。其二,在宏观气候背景下由于城市化过程的影响在城市的特殊下垫面和城市人类活动影响下会形成局地气候,即所谓的城市气候,包括城市覆盖层气候、城市边界层气候和城市尾羽层气候,其中城市覆盖层气候层面气候受人类活动的影响最大,与城市户外空间舒适性的关系也最为直接,即所谓的城市微气候。

第四章　暖通学风传承

一代名师　人之楷模
——记我国著名暖通空调专家徐邦裕教授

商艳凯

序言：从铜像写起

1998 年 4 月 25 日，暖风阵阵，丁香飘香。来自海内外的近千名暖通学子，怀着尊敬的心情，肃立在二校区暖通楼门前盛开的丁香花丛周围。红色的幕布被徐徐拉开，我国著名暖通空调专家徐邦裕教授的半身铜像，在阳光的照射下，闪着金色的光辉，出现在人们面前。此时，学子们心潮澎湃，热泪盈眶，恩师的音容笑貌又浮现在眼前……

徐邦裕教授生前曾任全国政协委员、中国暖通空调专业委员会主任、国际制冷学会委员等重要职务。他早年留学德国，在民族危难之际，毅然放弃优厚的待遇，冒着生命危险，转道回国，谋求科学救国之路。在多年的教学、科研和工程实践中，他为祖国培养了大批人才，留下了不朽的业绩，他也从一名坚定的爱国主义者成长为一名优秀的共产主义战士。

徐邦裕教授不仅治学严谨，学术造诣精深，而且人格高尚，宽厚诚恳，极受人敬重，不愧为一代师表，人之楷模。他的学生、同事，包括那些已经成了名的教授、领导，都称他为"先生"。为了纪念他，激励后来者，他们自发捐资为先生铸像，并在先生铜像揭幕时从四面八方赶回母校，在先生像前宣誓：为我国的暖通科学与技术赶超世界发达国家水平而努力奋斗。

时光荏苒，距离铜像揭幕已过去了 12 年。2009 年秋，徐邦裕教授当年的学生、如今已步入古稀之年的马最良教授在先生的铜像下面亲手添加铭文如下：

"徐邦裕教授是我国老一代著名暖通空调专家，中共党员、九三学社社员，第五、六、七届全国政协委员。早年（1936 年）留学德国慕尼黑工业大学，1941 年毕业并获得德国慕尼黑工业大学'特许工程师'学位，1942 年 5 月回国。1957 年来哈尔滨工业大学任教，曾任高校本科专业教学指导委员会主任、国际制冷学会委员等职务。生前为我国空调事业的发展勤奋工作、无私奉献，部分原始创新成果载入《中国制冷史》中。徐邦裕教授不遗余力研究热泵技术，是我国热泵事业的先行者之一，为我国科技进步做出了突出贡献，在国内外享有很高的声誉。"

这样一段不加任何渲染的200余字的铭文,寄托了学生对恩师的仰慕、怀念,更是徐邦裕教授曲折荣耀一生的真实写照。

第一篇章:中华人民共和国成立前的"峥嵘岁月"

中华人民共和国成立前的30年,徐邦裕在不断的战火中走过了人生的童年、少年和青年的前半段。从怀揣"科学救国"的理想留学德国,到在反动政府的统治下报国无门,徐邦裕亲身经历和感受了旧社会的残酷现实。

从小与书结缘

十月革命一声炮响,为中国送来了马克思主义。以李大钊等为代表的马克思主义者开始探索适合中国国情的社会主义发展道路。一场轰轰烈烈的真正的革命已孕育成熟,即将拉开大幕。

1917年3月22日,江西九江大中路602号的一个大户人家传来新生男婴的啼哭声。男婴的降生使这个原本没落的家庭竟然有了转机,境况从此开始渐渐地好转起来。男婴的父亲徐霖泰有着一份让人艳羡的律师工作,最初业务并不多,后来担任了一些企业的法律顾问并购买了一些企业股本,这些收入所得对于养活一个不足十口人的家庭来说完全绰绰有余。这家人给男婴取名"邦裕",似乎是在寓意整个家族和国家能够兴旺发达。果不其然,徐邦裕的整个童年和少年时光都过着较优裕的生活。

徐邦裕的童年打上了封建家庭教育的烙印。他只在九江县立小学读过几天书,加上外祖母对他很是溺爱,时常将他藏在房里,放在床头边睡觉,以致他见着生人就脸红,半天讲不出一句话来。在徐邦裕的眼中,父亲是个"落下树叶都怕打破头"的人,所以对儿女的教育都是"息事宁人""不求有功但求无过"之类。这一系列思想在徐邦裕的头脑里根深蒂固,对他此后形成注重情面、与人无争的性格产生了影响。

值得一提的是,徐邦裕在很小的时候就和书结下了很深的感情。由于出身书香门第,家中自然有很多藏书,因此他的小学时光不是在私塾度过的,而是在家中与书相伴。他对书的热爱可以说达到了"如饥似渴"的程度,他会把大人给的零钱攒起来,然后拿着一大堆零钱一蹦一跳地到书店买自己喜欢的书。那个年代,富贵人家的老人闲来无事会聚到一起打牌,外祖母会把年幼的他叫过来,招呼家里来的客人。每次倒完水,他便会捧着书跑到楼梯的台阶安静地坐着,完全沉浸在书的世界里。虽然后来他在"科学救国"思想的引导下学了工科,但徐邦裕的人文素养很高,《红楼梦》中的每一首诗,他都能流畅地背诵出来。

在12岁的时候,徐邦裕又一次走进了学堂,就读于九江同文中学。长的又矮又小的徐邦裕时常被同学欺负,这让本来就有些内向的他对上学产生了极强的畏惧心理,更不用说用心读书了。家人对此也是心急如焚,为了不被其他孩子落得太多,外祖母曾带着徐邦裕来往于上海光华中学读了一学期。

15岁那一年,徐邦裕请求父亲将他转学到九江光华中学。这次转学意义非凡,正是从那时起徐邦裕开始懂得读书的意义,开始对科学有了热爱。有一个人对年幼的徐邦裕产生了直接影响。那是一位讲物理的陆先生,每次听他讲课,徐邦裕都会达到入神的程度,并渐渐地喜欢上了数学和物理。但由于只知埋头读书,不太会待人接物,徐邦裕时常被人称为"书呆子"。

怀揣"科学救国"理想

1935年,徐邦裕高中毕业了,并考了全校第一名。就在这时,一个千载难逢的好机会不约而至,徐邦裕面临人生的第一次重大选择。

徐邦裕的姐夫许巍文其时正准备到德国留学。德国当时的科学技术水平可以说是世界上最发达的。许巍文还从朋友那里打听到,和在上海这样的大城市生活相比,在德国留学期间的花费与此相差无几,而且工作后的薪水要比国内高,于是便萌生了将徐邦裕也送往德国"镀金"的想法。当许巍文把这一想法告诉徐邦裕时,徐邦裕高兴得几乎跳起来,自己"科学救国"的理想终于有了实现的机会!然而,这一想法却遭到了外祖母的反对,经过一番劝说,这才勉强同意了。此后的半年多时间里,徐邦裕将几乎全部的精力用在了学习德文上面。

1936年春天,经过万里跋涉,许巍文带着不满20岁的徐邦裕到达柏林。在德国留学的五六年时间里,徐邦裕都和姐夫住在一起,他们在异国他乡过着相依为命的生活。在此期间,他们吃了很多苦,常人简直无法想象。有一段时间,由于生活费用紧张,他们每天吃的是土豆蘸盐。

刚到柏林,徐邦裕进入一个德文补习班学习德文。为了学好德文,他专门找了一个没有中国人的小镇居住,甚至会跑到墓地,通过辨别墓碑上的字来巩固学习所得。几个月后,他被分到维尔茨堡的康鲍机械厂当学徒。因为当时德国规定,所有人在中学入大学之前必须在工厂中当半年以上的学徒。据徐邦裕后来回忆,那时德国对学徒非常严格,只提供一些微薄工资,到了星期六还时常被罚做扫茅厕等脏累的工作。

1937年4月,结束学徒生活的徐邦裕进入了慕尼黑工业大学学习。1939年6月,他通过了该校初期工程师考试。在柏林西门子电机制造厂实习3个月后,徐邦裕于1939年8月再次回到慕尼黑工业大学,并于1941年6月完成了该校"特许工程师"考试,被授予"特许工程师"学位。毕业后,他曾为热力学家努塞尔特教授担任助教,并在慕尼黑红格尔机械厂工作了近 5 个月。

在德国留学期间,经好朋友介绍,徐邦裕加入了一个由中国人发起的社会团体——建设事业奋进社。当时的社长叫沈家桢,他告知每一个进社的人,该社不参加任何政治活动,而是一些技术人员合作起来办工厂或彼此介绍职业,免得被其他人排挤。当时,在国外,黄色人种常被当作异族而受到歧视。

徐邦裕从慕尼黑工业大学毕业的那一年,第二次世界大战已经在欧洲大陆全面爆发。战争波及在德的中国留学生。德国政府逼迫中国学生承认汪伪政府,否则就要被赶出德国。摆在徐邦裕面前的有两条路,而且是两条极易选择的发财之路:一是承认汪伪政府留在德国;二是接受美国的重金聘用。然而,这两条路徐邦裕都没有选择。他要回国!

在他看来,中国之所以挨欺负,就是因为科学技术不发达。他要把自己的所学,用在建设自己的祖国上。他的导师努塞尔特教授劝他要以自己的前途为重,要能伸能屈、从权应变,而且战事吃紧,回国会很危险。徐邦裕坚定地说:"汪伪政府丧权辱国,我决不能承认。我是中国人,我要为自己的祖国效力,为了不失掉国籍,为了祖国的富强,我爬也要爬回自己的祖国。"当时,欧洲战火连天,回国的唯一安全途径是经中立国葡萄牙转道,但徐邦裕并未走这条路。因为他知道,美国正在葡萄牙招聘,实际上是在堵截懂得德国技术的人才。

1942 年 5 月,徐邦裕怀着一颗炽热的报国之心,毫不犹豫地选择了一条没人敢走的路线:取道奥地利,经匈牙利、罗马尼亚、土耳其、伊拉克、巴基斯坦、印度、缅甸,进入中国国境。走这条路,随时都有被战火吞噬的危险。一路上,他搭过货车,坐过扫雷艇,在飞机轰炸、炮弹横飞中风餐露宿,历经艰辛危难,终于踏上了祖国的土地。当他闻到祖国泥土散发的芳香时,满腹的辛酸再也无法抑制,他的眼睛模糊了。

在战火纷飞中报国无门

双脚踏上祖国的土地,徐邦裕心中有说不出的亲切和愉快。但是一看周围的事物,他感觉有点心灰意冷:这哪里像一个朝气蓬勃的国家?1942 年 6 月,经沈家桢介绍,徐邦裕进入当时的重庆中央工业实验所动力试验室,担任工程师兼试验组长。这是他回国后找到的第一份工作,工作的主要内容是进行以桐油替代汽油的性能试验,不过当时经费少,仪器又缺,这样差的条件做不出成绩来不说,提供的待遇也少得可怜。1943 年 7 月,徐邦裕辞职回到江西,一个月后他进入江西企业公司泰和铁工厂任工程师兼任设计股股长。在这家工厂,徐邦裕的工作热情被激发出来,同时工厂的规模渐渐扩大起来。那段时间,他还在南昌大学兼任内燃机专业副教授。

1944 年 8 月,事业刚起步的徐邦裕,和相恋多年的爱人许申生步入婚姻的殿堂。没想到,这对幸福的小夫妻只过了一年多稳定的生活,便要开始四处流亡。一路上,载着达官贵人、巨绅豪商的小汽车从身旁疾驰而过,后面跟的卡车里面装着各色家具。这样的景象深深触动了徐邦裕,但也只有感叹社会的不公。而更让他痛心的是,由于途中常常风餐露宿,饱受劳累之苦的妻子意外地流产了。

徐邦裕曾一度失业,幸好 1944 年年底经人介绍到当时的江西省林业专科学校任教授,后来又兼任农业工程学系主任。该校原设于婺源,抗日战争结束后迁往南昌。1945 年,抗日战争结束,听着四处响起的爆竹声,徐邦裕甭提多高兴了,心里暗想:从此可以太平了,可以发挥所学。他不禁跃跃欲试。但是现实情况又使他陷入了茫然。

在江西省林业专科学校工作两年后,1946 年 7 月,徐邦裕带着家人来到了上海。经同学刘白浩(当时是同济大学机械系主任)介绍,他被同济大学聘为教授,主讲热力学、内燃机和汽轮机等课程。但由于待遇太差,加上不受重视,所以只任教了一年,他便萌生了去意。

当时,徐邦裕的姐夫许巍文和妻兄许鹏飞都在东北工作,而恰巧东北农林处拟办农耕曳引机管理所。由于在江西省林业专科学校教过一段时间的书,许巍文便把徐邦裕介绍给了当时的农林处长。于是,在请人代为保留同济大学的工作后,1947 年 5 月,徐邦裕前往沈阳任该所主任。在那里,他协助技术人员装了一些曳引机,但又觉得有些行政工作太累赘,所以不到半年便辞职回到了上海。

徐邦裕回来后,正赶上一个资本家委托朋友黄足创办上海大江电业公司,同时筹设一个制造厂,黄足想到并推荐了他。1947 年秋,徐邦裕到该公司任工程师。不料,这个资本家是以办厂为幌子,实际上却做的是囤货的勾当。制造厂筹备了近一年,却只建造了一个厂房,引进了几部零星的机械。心急如焚的徐邦裕几次向公司要求开工,那个资本家却故意推延,于是他愤而辞职。1948 年 9 月,上海人人企业公司设立技术顾问部代客设计,当时任该公司总经理的沈家桢向徐邦裕伸出了橄榄枝,并允诺提高待遇。盛情之下,徐邦裕欣然答应,到该公司任工程师。不久,该公司与当时的江西省建设委员会订立技术顾问合同,徐邦裕被派往南昌工作并兼任该省兴业公司总工程师,直到中华人民共和国成立后才回到上海。

从离开学校进入社会直到 1949 年,徐邦裕过了八九年的浮萍般的生活,虽说在工作中还算卖力,但却始终未受到重视,反而时常受到奚落。那时的徐邦裕不但不能表现一点儿抱负,甚至连饭碗问题也朝不保夕。这一切的根源是当时的整个社会都处于乌烟瘴气之中。他陷入深深的迷茫:为什么坐汽车住洋房的大都是一些不学无术、吹牛拍马之流,而真正工作的人时常要担心明天是否有工作,明天的钞票是否能够派上用场。坎坷的经历和社会的现实使他逐渐认识到,科学救国的道路是行不通的。他期待着祖国光明的未来。

第二篇章:投身新中国的建设"大潮"

1949年10月1日,毛泽东主席在天安门城楼上向全世界庄严宣告:"中华人民共和国中央人民政府今天成立了!"干部清廉肯吃苦,社会上的恶势力不见了,人民的生活渐渐安定了,到处都是欣欣向荣的景象。

光明终于降临祖国大地,徐邦裕报效国家的时候到了。他先后辞去了待遇优厚和担任重要技术职务的两个私营企业的工作,来到国家第一机械工业部上海第二设计院任主任工程师。1957年,他毅然来到了哈尔滨工业大学,由此开始了一段为我国暖通空调事业的建设、发展做出突出贡献的历程。

投身第一个五年计划

1950年4月,已在上海人人企业公司工作一年多的徐邦裕,因所在技术顾问部无事可做,又不愿看老板的脸色行事,于是向公司申请拿一笔解散费后离职。失业的徐邦裕却也没闲着。他先是为上海华昌钢筋厂设计了一座全自动化抛光车,从中获得了一笔不小的酬劳。1950年底,他又让父亲和爱人拿出积蓄750元,投资同学所创办的大震科学仪器制造厂。

1950年10月,徐邦裕担任华生电机厂机械工程师。由于厂里的高级技术大都与资方有关,擅长技术的徐邦裕反而成了"局外人",长期寄人篱下让他对此感到"无所谓"。那时的徐邦裕也算有着一份比较安定的工作,他已经觉得很知足了。恰在此时,抗美援朝开始了。

国家做出的这个重大决策对徐邦裕的教育意义很大,而捷报频传让徐邦裕认识到,新中国的政府绝对不是自己所想象的改换朝代。政府领导人的深思远见、准确的推测着实让人佩服。现在的政府才是真正代表全体人民的利益的。

1953年,我国开始实施第一个五年计划。听到这个消息,徐邦裕心中充满了难以抑制的兴奋,他经过认真考虑,义无反顾地投身于国家的基本建设中。

徐邦裕被分到了当时的国家一机部上海第二设计院。在那里工作的几年,徐邦裕在学习和听报告中受到了一些教育,然而,让他受到最大教育的是耳闻目睹的一些活生生的事例。如当听说周恩来总理到各国访问,受到热烈的欢迎和爱戴,他不由回想起自己在国外受人歧视的怨气,现在终于可以"一吐为快"了。当亲眼看到北京城郊的建筑如雨后春笋般地建立起来,只隔了一年再去看,平地又添出许多高楼大厦,此时他会想,难道对社会主义的到来,还能认为是渺茫吗？而每当下厂做技术监工的时候,用手摸着自己曾经花过劳力的管道,他更觉得,伟大的工程成就里也有自己的一份功劳。这所有的一切都使徐邦裕备受鼓舞,同时增加了劳动热情。

在1956年前后写的一篇给组织的思想汇报中,他这样写道:"第一个五年计划即将过去,第二个五年计划马上又要到来,社会主义美景已不是憧憬而是即将到眼前,人们的思想飞跃地前进,若不迎头赶上,即将落后于时代太远了。"他给自己定下目标:"除了参加规定的理论学习外,还要注意社会上各种事物之开展,要参加团体活动,并要养成每天必看报读社论的习惯,培养自己对理论学习的兴趣。在业务上要订出个人规划,学习先进经验,希望到1962年自己在暖通方面的学识能达到国际水平,更好地为共产主义建设而奋斗。"其中提到的一点,"到1962年自己在暖通方面的学识能达到国际水平",因为一次偶然的工作调动而增添了实现的砝码。

只身来到哈尔滨

个人的力量是有限的,国家建设需要大批的人才。徐邦裕渴望把自己的所学传授给更多的人。这样的机会终于来了。1957年,时任哈尔滨工业大学副校长的高铁亲赴上海请调徐邦裕到当时正处于发展上升期的暖通专业任教。

采暖通风虽然在我国有着悠久的历史,但在中华人民共和国成立前,由于经济落后,现代意义的暖通空调系统可谓凤毛麟角。少数暖通空调系统仅集中在上海等个别大城市中,其工程的设计与安装都由国外的一些洋行垄断。

中华人民共和国成立后,随着大规模经济建设的开始,暖通空调技术才开始迅速发展。在第一个五年计划期间,苏联援建156项工程,带进了苏联的采暖通风与空调技术和设备。我国暖通空调高等教育就是在这种背景下诞生和发展的。1950年,开始设置卫生工程专业,采暖通风属于卫生工程专业。1952年秋,为了适应大规模经济建设的需要,哈尔滨工业大学按照苏联模式创建本科五年制供热、供煤气与通风专业。

徐邦裕身材瘦小,又是南方人,到寒冷的哈尔滨能受得了吗？他的家人都不赞同。但徐邦裕却说:"过去我报国无门,现在国家这样重视知识,而且又是为自己的国家培养人才,就是再苦再难我也要去。"于是,他只身一人来到哈尔滨,直到第二年,才和家人在北国的冰城团聚。

当时,徐邦裕已是国家三级教授。他到哈尔滨工业大学后,正赶上苏联专家撤走。于是,他承担起了指导毕业设计的重任。当时已是苏联专家研究生的廉乐明教授在回忆徐邦裕时说:"他那丰富的工程实践经验和渊博的知识给我们这些外国人培养的研究生很多新的启迪,拓宽了我们的思路。他非常谦虚,和我们一起讨论问题,认真听取我们的意见。"由于他的努力,哈尔滨工业大学暖通专业在国内最早招收了由自己培养的一批研究生,使哈尔滨工业大学暖通专业在国内产生了重要影响。

为了培养供热、供煤气与通风专业的师资队伍,1952年高教部首先在哈尔滨工业大学招收研究生。第一届研究生有5位,他们先在预科专门学习一年俄语,以便直接向苏联专家学习。导师是1953年第一位应聘来校的苏联专家B.X.德拉兹道夫。1953年暑假前后,还有5位本科生和研究生一起学习。这时从全国各高校还来了十几位进修教师。大家以苏联的供热、供煤气与通风专业为模板,边学边干,在我国创立这个专业。1955年,第一届研究生班毕业,返回各校从事暖通专业的创建工作。20世纪60年代,我国又先后有8所院校设置供热、供煤气与通风工程专业,在暖通界常称这8所院校为"暖通专业老八校"。1956年,哈尔滨工业大学第一届五年制本科生毕业。

朝气蓬勃的教育事业和热火朝天的经济建设,让徐邦裕感到无比兴奋。他夜以继日、废寝忘食地工作。刚到哈尔滨工业大学的那些年,一年有200天都在外面忙工作。由于过度疲劳,他患了严重的溃疡病,经抢救才脱离危险。接着,他的小女儿又患了白血病。当时他正在搞超声波除尘研究,脱不开身去看望孩子。即使8岁的小女儿因重病回上海治疗,他也因为工作太忙,不能回去探望,小女儿一直到弥留之际,也没有见到日思夜想的父亲最后一眼。女儿病逝后,他忍着内心的伤痛,更加拼命地工作。为了考察矿井的通风和除尘情况,1962年他到双鸭山煤矿和矿工一起下井。就在他返校的当天,溃疡使他又一次大出血,抢救后身体还没有完全康复,他又投入了紧张的工作。1964年夏,为了解南方的降温情况,他冒着炎热到广东。领导劝他不要带病出去工作,他非常动情地说:"我不敢说我共产主义觉悟有多高,但为了祖国,我要献出我的一切。"

教学、科研取得的多个"第一"

几十年来,哈尔滨工业大学在暖通空调及制冷方面取得的成果,基本上都是在徐邦裕教授的主持指导下,发动师生参与完成的。但在发表论文时,他总是把自己的名字写在最后。而且,在他主持下研制的成果大部分都是国内"第一":第一部暖通空调专业用的制冷工程教材、第一个除尘研究室、第一个模拟人工冰场、第一台热泵式恒温恒湿空调机组、第一台水平流无菌净化空调机组、第一台房间空调器热卡计试验台……这些"第一",使他成为我国暖通空调界第一位进入国际制冷学会的专家。1979年,在意大利、德意志联邦共和国召开的国际制冷会议上,他的论文轰动了各国同行。改革开放后,中国的科学技术研究引起了国际社会的瞩目。

(一)开设我国高校暖通专业第一门制冷专业课

20世纪60年代前,我国高校暖通空调专业采用的教材一直沿用国外教科书的内容。

为什么不能编写自己的教材呢？1957年,徐邦裕教授针对专业未来发展,将制冷机内容从"泵与风机及制冷机"中分离出来,创建了暖通空调制冷技术课程。全国各高校也逐步开始设置制冷课程,以满足空调工程的需要。在认真分析研究"制冷工程"在国家建设中重要作用的基础上,徐邦裕教授创造性地另辟蹊径,编写出了符合我国国情的教材,并为我国高校开设了第一门制冷专业课,同时建立了我国第一个除尘研究室。

1963年,在全国"调整、巩固、充实、提高"方针的指引下,暖通专业经历了一次规范化的整顿。在建筑工程部领导下,全国高等学校供热、供煤气与通风专业教材编审委员会成立,负责制订暖通专业全国统一的指导性教学计划,以及各门课程及实践性教学环节的教学大纲,并组织编审了一整套暖通专业适用的全国统编教材,徐邦裕教授担任主任委员。

(二)开展我国首次人工冰场的实验研究

随着社会经济的发展和科学技术的进步,制冷技术在我国的应用日益广泛和深入。冰雪运动(速度滑冰、冰球、花样滑冰、滑雪等)是广大群众所喜爱的运动项目。我国早期的冰雪运动仅限于在室外天然冰雪场上进行,这使得冰雪运动的开展受到地域和气候的限制。1959年,黑龙江省拟建人工滑冰场,省体育运动委员会委托哈尔滨工业大学进行研究设计。为此,徐邦裕教授主持开展了人工冰场的试验研究,并在哈尔滨肉类联合加工厂四车间建造了一个实验小冰场。

徐邦裕善于发挥集体的智慧和力量攻克难关,在科研和工程实践中锤炼教师队伍,培养人才。1960年,他调动了除尘研究室的大部分教师和两个班的学生,带领研究人员在室内15～25 ℃条件下,研究冰面质量(硬度)与冰面温度、管内温度等各种因素之间的关系,同时进行人工冰场设计计算等方面的研究。在他的指导下,师生群策群力,总结出了12册实验数据,提出了在室内温、湿度条件下,修建人工冰场、冰球场的设计方案和资料。后来,在由北京市建筑设计研究院设计的国内第一块人工冰场——北京首都体育馆冰球场的设计施工中,徐邦裕又把这些用心血提炼的数据和资料无代价、无保留地贡献了出来。

20世纪60年代初,在徐邦裕主持下,哈尔滨建筑工程学院开始了人工冰场的实验研究工作,并首次建成了模拟冰场。1966年3月,首都体育馆人工冰场由北京市建筑设计研究院开始边科研、边设计、边施工,1968年4月成功运行。这是我国第一个标准面积的人工冰场。70年代以后,长春、哈尔滨、吉林等地,乃至气温较高的一些城市,也先后建成多座室内和露天的人工冰场及速滑跑道,为我国冰雪运动的发展和普及做出了突出贡献。

（三）我国第一例以热泵机组实现的恒温恒湿工程

徐邦裕生前为我国热泵事业的发展勤奋工作、无私奉献，不遗余力极力倡导推广热泵技术，为今天热泵技术的蓬勃发展做出了贡献。

徐邦裕教授是一位推动我国热泵事业发展的先行者。相对于世界热泵的发展，我国热泵的研究工作起步约晚 20 至 30 年。但从我国的情况来看，众所周知，旧中国的工业十分落后，根本谈不上热泵技术的应用与发展。中华人民共和国成立后，随着工业建设新高潮的到来，热泵技术也开始引入我国。60 年代，我国开始在暖通空调中应用热泵。

1963 年 10 月，他写了一篇介绍国外空调制冷发展动态的研究综述。他在开头这样写道："近来由于尖端科学试验需在特殊条件下进行，又因特殊精密产品需要在特殊环境中制作，于是对空气调节工作者提出了苛刻的要求，而迫使这门科学飞跃前进。"在分别介绍了英美等发达国家以及苏联在供冷空气或冷源的系统、空气及冷却介质的冷却方法、冷源发生设备、热泵及低位热能等方面的先进经验后，他说："从上面列举发展的概况中，那些适合于我们的需要，以我国社会主义建设之速、边幅之广、人员之众、要求之急，似乎都配合口味；但是进行研究的安排，总应有个先后缓急，仅提出不成熟的看法：从各方面来看，我国在空调制冷的各项问题中设备产品的改进试造和研究应该是个中心环节。"

1965 年，徐邦裕教授领导的科研小组，根据热泵理论首次提出应用辅助冷凝器作为恒温恒湿空调机组的二次加热器的新流程，这是世界首创的新流程。次年，哈尔滨建筑工程学院与哈尔滨空调机厂共同开始研制利用制冷系统的冷凝废热作为空调二次加热、井水作为冬季热源的新型立柜式恒温恒湿热泵式空调机。

徐邦裕教授领导科研小组在 1966～1969 年完成了 LHR20 热泵机组的研究收尾工作，于 1968 年通过技术鉴定。而后，哈尔滨空调机厂开始小批量生产，首台机组安装在黑龙江省安达市总机修厂精加工车间，现场实测的运行效果完全达到恒温恒湿的要求，这是我国第一例以热泵机组实现的恒温恒湿工程。

给人慈父般温暖的师者

作为我国暖通、空调与制冷行业的一代宗师，为数不多的几位第一代专家之一，徐邦裕培养出了一大批优秀的人才。这些人活跃在祖国的大江南北，其中不少人是学科带头人、学术骨干或政府、企业的中、高级领导。他的学生孙德兴教授等在回忆恩师时说，徐先生对学生要求很高、很严，但又满腔热忱，像慈父那样温暖。他在学术上站得高、看得远，指导研究生不拘于细节，细节方面让学生充分发挥，但在大的方面，他总能提出更高、更多的要求。20 世纪 70 年代，计算机在我国还很不普及，他就自己首先学会了，这对一个当时已年过半百的人是不容易的。他学会后,就指导学生把计算机应用到专业中。

孙德兴说:"做过徐先生学生的人都有同感,尤其是我们这些研究生,我们的学位论文都是让先生的高标准、严要求'逼'出来的。回想起来,跟徐先生学习一场,不仅学到了专业知识,更学到了对学术精益求精的精神,感到受益终身。"

在徐邦裕的众多学生眼里,老先生很是平易近人。刚留校的青年教师敢于和他讨论问题,如果答不上来,他会和大家一起做实验来解决。60年代初,虽然身体不好,但他仍然坚持给学生上绪论课,而每年元旦,他都会到每个班级走一圈,给学生讲讲专业发展,对学生产生了无形影响。

刚搬来的头些年,徐邦裕家里的人气很旺。因为一到中午,讲完课,由于胃肠不好,徐邦裕一定要回家吃饭,这时他的学生就会跟回家问问题,大多时候都会留下来吃饭。由于学校当时师资不足,他一个人要带10多个学生做毕业设计,每天都要很晚才回到家。逢年过节,爱热闹的他都会把不能回家的单身青年教师叫到自己家中。陆亚俊、高甫生、马最良等都曾被邀请到他家中做客。长此以往,师生结下了深厚的情谊。

他的学生马最良教授说:"老先生培养人不在于告诉你技术,而是对你一生都产生影响的东西。首先是做事,他告诉我们,只有坚持下去,才能完成;二是必须脚踏实地地干。从他身上,我们学到:完成事情要勤快,可以总结为'勤做事、勤学习、勤思考、勤总结'。"

马最良印象最深刻的是,老先生的家中除了门,四面全是书,而且全是专业方面的书。他对年轻人的爱护还体现在一件事情上,80年代初,他牵头的多个项目获得省部级奖,他都让给了教研室的年轻人。他说:"我岁数大了,不需要这个,还是给年轻人吧。"

而在大女儿徐来南的记忆中,父亲从来没有当面教育过她和弟弟,只依稀记得曾说过"宁可自己吃亏,也不能让他人和国家吃亏"的话,大多时候是以"身教"的方式影响了她和弟弟。比如,每次当家里的保姆为他盛饭或提醒他出门带伞时,他都会很礼貌地说一句"谢谢",当经过教学楼的清洁工刚打扫干净的地面时,他会不好意思地说"对不起"。值得一提的是,徐邦裕还经常下工厂搞研究,并和老工人讨论问题,很多技术工人对他都很熟悉,也很敬重。他穿着朴素,显得很不起眼,以至于有一次到工厂调研,在进行住宿登记时,服务员将陪同他的助手当成了教授。

第三篇章:迎来改革开放的"春风"

从一名民主党派人士到光荣的共产党员,徐邦裕走过了半个多世纪的人生历程。在生命的最后一个10年,他仍然将全部的精力投入到为之奋斗的科研事业中,为自己的人生画上了一个圆满的句号。

一份迟交的入党申请

1985年5月1日，徐邦裕教授向党组织递交了入党申请书。在这份入党申请中，他用饱含深情的文字写道："60余年的坎坷生涯，是一条起伏崎岖的道路。看过挣扎垂死的封建残余，闯过狰狞的殖民主义的关口，尝过欺骗性的资本主义的辛酸苦辣，也走过社会主义的不平坦。从纯粹的爱国思想出发去追求理想社会，始终是在动荡中奔波，对社会主义能否战胜资本主义，信心不够坚定，尤其在无人帮助时，更感到一些徘徊。后来慢慢发现，人的工作对人民的贡献的确太渺小了，为什么呢？是否与个人没有一个终生不渝的信仰，没有向一个坚决的目标前进有关？过去我是跟党走的，今后更应像电子绕原子核转动一样，永远受核的引力而做有规律的旋转，永不做一游离子，这样就能有更大的能量。我一生碌碌，无所依附，随遇而安，未向着希望的最终归宿奋进。现在有限的生命已经不太远了。因此，特别在此时，热烈要求加入中国共产党的组织，恳请党组织能以母亲般来接待这样的老儿子，让我投入怀抱，再继续哺育我，我虽年近古稀，光暗热微，但仍想借此增加绵薄之能，为壮丽灿烂的伟大中国共产党的事业添砖加瓦，更渴望在有生之年能为党、为国家、为社会主义建设多做一点工作，我一定战斗到最后一口气。"

从少年时代以"两耳不闻窗外事，苦学自励"为座右铭，到在德国留学时，以"苦行僧"自居，闭门读书；从他抱着科学救国的理想，吃尽千辛万苦，回到祖国的怀抱后，反动政府给他的万分失望，到中华人民共和国成立后欣欣向荣景象给他带来的欣喜，再到中共十一届三中全会后发生的改变，让他重新看到的光明前景，他认为，中国现在所行的模式是最适合我国国情进行建设、强国富民的路线，是能够把历史车轮沿着正确轨道向理想行进的共产主义。这些认识是徐邦裕几经沧海、反复思考得出的结论，也最终成了他的信仰。

一年后，徐邦裕被党组织接纳，正式成为一名光荣的共产党员。为了这一天，他走过了半个多世纪的人生历程。

瞄准国际前沿开展科学研究

改革开放政策使国民经济重新走向发展之路，经济的发展又为暖通空调提供了广阔的市场，也为热泵在中国的发展提供了很好的契机。因此，热泵的发展于1978年开始进入一个新的发展阶段。徐邦裕教授及时、准确地抓住了这一契机，瞄准国际前沿开展了一系列富有成果的科学研究。1978年7月，在一篇题为《国外空调制冷设备发展动态》的研究综述中，他详细介绍了发达国家在该领域最新的研究成果。短短20页的内容，参考文献却达到了惊人的159篇。徐邦裕教授对工作的严谨、认真态度由此可见一斑。

20 世纪 70 年代以前,一些主要生产企业陆续建造了较为完善的压缩机用作实验装置,但其他制冷空调产品的实验装置则只建设了一些简单的装置,大型设备只能到用户使用现场进行调试和实验。房间量热计实验装置是房间空调器性能测试装置,又称热卡计实验台。国际上公认,这种方法是房间空调器性能测试方法中精度最高的一种。1968 年,国际标准化组织(ISO)将这种方法列为推荐标准,一些工业发达国家也都先后定位自己国家的标准并在实验中应用。1980 年,徐邦裕教授领导的研究团队建成了国内第一个房间空调器的标定型房间量热计实验台;1988 年,哈尔滨建筑工程学院与青岛空调设备仪器厂合作建成了青空的标定型房间量热计实验台。这些实验台的建设为提高房间空调器产品性能和质量提供了实验与监测手段。

1978 至 1988 年期间,由于大量引进国外空气/空气热泵技术和先进生产线,我国家用热泵空调器得到较快的发展,家用空调年产量由 1980 年的 1.32 万台增至 1988 年的 24.35 万台,增长速度非常快,但很多都是进口件组装的或仿制国外样机。这些产品是否适合我国的气候条件,在我国气候条件下是否先进,这些问题都亟待研究解决。为此,徐邦裕教授开始对小型空气/空气热泵进行了一系列基础性的实验研究,并在短短的 10 年时间里做出了许多成绩,其中包括:为开发家用热泵空调器新产品,对进口样机进行详细的实验研究;我国小型空气/空气热泵季节性能系数的实验研究;小型空气/空气热泵的除霜问题研究;小型空气/空气热泵室外换热器的优化研究;等等。

蒸发冷却技术是利用水蒸气效应来冷却空调用的空气。它在空调中应用的历史悠久。人们早就知道用水洒在地上冷却室内空气,工业通风中用喷雾风扇,空调中用淋水室。将蒸发冷却技术作为自然冷源,替代人工冷源的研究早在 20 世纪 60 年代已引起国内学者的关注。蒸发冷却技术在 60 年代已在我国开始应用,用于高温车间降温。1989 年,哈尔滨空调机厂生产的用规则纤维素材料作填涂层的直接蒸发冷却器安装在平圩电厂,1990 年投入使用并于当年通过鉴定,成为我国第一台填料蒸发式空气冷却器。20 世纪 80 至 90 年代,国内开展蒸发冷却技术研究的单位主要集中在同济大学、原哈尔滨建筑工程学院、天津大学等高校。

其实,早在 20 世纪 60 年代,徐邦裕就开始研究热泵技术。当时国内没有人认为这项研究有前途,甚至报以嘲笑,但他依然是"逢会必讲"。他更多的是站在国家中长期发展的角度,深刻认识到"能源和环境问题是一个大问题",只是当时问题未显露出来。随着热泵技术应用到家庭,这项研究才显现出它的意义来。他还将科学研究的成果积极引用到日常的教学工作中。1983 年,他率先开设热泵研究生进修课,1985 年形成校内教材,1988 年出版国内第一本由中国学者编写的热泵教材。该书被研究人员引用不下百次,并作为教材使用了近 20 年,足见其在学术界的权威性。回头来看,他通过编写教材做了一些热泵技术的普及工作,由此推动了我国热泵技术的发展。

徐邦裕教授开展科学研究所具有的前瞻性体现在方方面面。他在一篇关于热泵技术的论文中这样写道:"人类消费的能源,今后要大幅度增加是无疑的。那么,是不是说能源即将枯竭呢?我们的回答是否定的。大可不必忧虑。我们尚可利用太阳能和核聚变能,也可利用生物能、风力能、水力能、波涛能、地下热能等新能源,更可利用地球表面的大气、土地、水中含有的低位热能和工业废热等。这些低位热能处处皆是,形式颇多,数量可观,利用的前景远大。但是,要利用这些能源还存在一些技术上和经济上的困难,尚有大量的科学研究工作要做。为此,我们提出了如何利用低位热源的新课题,热泵在此课题中将占有重要的地位。热泵是回收和利用低位热能的有效手段之一,研究和推广应用热泵技术对于节约能量,提高经济效益,促进生产发展有重要意义。"

为科教事业奋斗终生

即使在困难时期,徐邦裕也始终认为,科教事业总要发展,所以他一直没有放弃自己的工作,依然是全身心地投入。沉重的精神和繁重的工作压力,使他的体力更加不支。1975年以后,他外出工作时,总是在自己的上衣口袋里装着写有姓名住址的卡片,以防高血压、冠心病随时发作。1979年,到意大利出席国际会议返校的第二天,他就瞒着家人带病到协作单位工作。1982年,为了完成一项重要的出国考察任务,他勉强接受了医院实施的强制性治疗,入院的全面检查还没做完,他就要求医生快点用药。在医生的追问下,他这才说出实情:"出国前还必须到大连参加一次学术评议会。"医生说:"你已经是60多岁的人了,而且身体又不好,工作上不能太劳累。"他却说:"正因为我老了,又有病,我才要抓紧时间。改革开放、四化建设,大家干得热火朝天,我怎么能在医院养病呢?我还有许多工作要做啊!"

徐邦裕教授资深望重,在国内外都享有很高的声誉,但他在学术上从不摆架子。无论什么人,包括那些在工程实践中遇到困难的技术员、工人,只要找到他,他都热心地帮助,并用商量的口吻和他们讨论问题。在徐邦裕的心里,只要是对国家、人民有益的事情,他都愿意去做。他说:"发展科教,富国强民,是我一生的追求,只要对此有利,我愿做一块铺路石。"

改革开放以后,徐邦裕教授曾多次应邀出国。但他每次回来,大包小包装的都是资料,别说大件物品,就是一个半导体他也没往回带过。他带回的资料谁用谁拿,拿走了他再买。他的学生回忆说:"老先生病逝后,我们赶到他家取衣服,翻箱倒柜竟找不出一件像样的衣服为先生送行。他的工资不低,钱都哪去了?到老先生家就全知道了。在他家里,除了床、两张桌子、两把木椅、一对木扶手沙发、一个老式衣柜外,再有的就是书了。

看到书,谁都会明白,老先生的钱都花在这上面了。"

在徐邦裕教授家的书架上,本专业及相关专业藏书资料古今中外无所不有,书架上摆了一层又一层,赶得上一个图书馆。他的学生说:"先生的这些书实际上都是给我们准备的。我们需要的一些资料,在省内,甚至在国内图书馆都找不到,到先生这里却可以找到。这些书不但供我们使用,他还经常无偿地把一些资料送给素不相识的人,没有了他就再补充上。"

曾担任哈尔滨建筑大学校报主编的胡朝斌,在一篇文章中回忆起了与徐邦裕教授的夫人许申生偶然的一次闲谈。那天,正赶上许申生在复印室复印资料。胡朝斌向她打听徐邦裕教授的情况。许申生告诉他先生正在家里写信,说是有人要资料,让她来复印。胡朝斌明白,提起写信,实际上是在回答别人的咨询。像这样的回信,徐邦裕教授每年都要写几十封,甚至上百封。这些回信有给同行的,有给学生的,但更多的还是给那些素不相识的人。他是有问必答,有求必应,有时还要给人画图、赠送资料。这一封封来信,一封封回信,耗费了老先生多少心血呀!但他却乐此不疲。有时实在忙不过来,他就让夫人帮忙。但到往外寄时,他还必须检查一遍,以免出现差错。

在中山路 129 号学校分配的一套房子里,徐邦裕教授一住就是 33 年。在别人眼里,这套房子显得很不起眼,甚至有些寒酸。但他从来没有主动向学校要求过什么,也从来不在人前提涨工资、分房子的事情。他一生对自己一无所求,他心里只有祖国、他人、工作。他的研究生毕业离校,他亲自送到车站;他的学生结婚,他要送上一份贺礼。然而,他有病住院却从来不想让人知道。有一次他到上海看病,病还没好,他自己就坐硬板车回到了哈尔滨。他说:"我看病花了不少钱,国家还不富裕,能省就省,坐硬板不也回来了嘛。"他在病重期间,多次要求组织不要给他用贵重的药,不要派那么多人护理他。学生、同事们去看他,他极力地说服大家不要总来看他,不要影响工作。

1991 年,徐邦裕安详地走到了人生的尽头,享年 74 岁。建设部在发来的唁电中写道:"徐邦裕教授是全国著名的空调制冷专家,国际制冷学会会员,第五、六、七届全国政协委员。他拥护中国共产党的领导,热爱社会主义祖国,忠诚党的教育事业。我们要学习他献身祖国与科技事业的革命精神,忠诚正直的优良品质和严谨的治学态度。"徐邦裕教授虽然走了,却为世人留下了宝贵的精神财富。

尾　声

苏联文学名著《钢铁是怎样炼成的》中有一段人们耳熟能详的话:"人最宝贵的东西是生命。生命对人来说只有一次。因此,人的一生应当这样度过:当一个人回首往事时,不因虚度年华而悔恨,也不因碌碌无为而羞愧;这样,在他临死的时候,能够说,我把整个生命和全部精力都献给了人生最宝贵的事业—为人类的解放而奋斗。"由此观之,徐邦裕教授的一生不正是这样度过的吗?

徐邦裕教授的一生写下了多少个"第一",为国家节省了多少资金、能源,为他人解决了多少生产技术上的难题,谁也说不清楚,因为哪项成果、哪件产品上,都没有单独写着"徐邦裕"这 3 个字。然而,他的名字却与他的学生、同事,与工厂的技术员、工人、试验员们永远连在一起。

如今,徐邦裕教授的铜像巍然屹立在哈尔滨工业大学的校园,他将作为一座不朽的丰碑永远活在每一个哈尔滨工业大学人的心中。

筚路蓝缕　以启山林
——郭骏教授早年的回忆

郭骏,1951 年毕业于上海圣约翰大学土木系,1955 年毕业于哈尔滨工业大学研究生班。历任哈尔滨建筑工程学院讲师、副教授、教授,中国供热通风及空调学科专业的第一位博士生导师,中国暖通空调专业教育体系的拓荒者之一,中国建筑学会暖通空调学术委员会第二届副主任委员。他主要从事寒冷地区居住建筑供热节能的研究,创建了我国第一个主要指标达到国际标准的低温热水散热器热工性能实验台,建立了我国第一个达到世界先进水平的大型热箱测试系统。他研制的高温水、高压蒸汽实验台为国内首创,其运行精度超过了国际标准。他创建的"测定复杂建筑构件传热系数及能耗对比分析的动、静态热箱群",为我国的建筑节能提供了测取基本数据的重要手段。创建了我国第一个建筑节能研究室,包含计算机、自动控制、数学、暖通等相关研究人员。著有《采暖设计》等。

以下内容是根据郭骏教授自述进行的整理。

1952 年,郭骏从上海圣约翰大学土木系毕业后,恰逢中国政府第一次对大学生进行毕业统一分配,机缘之下来到了哈尔滨工业大学,正如他所讲:"当时,一位姓金的总长接见了我,并告知我被分配来做采暖通风专业的研究生,给苏联专家当徒弟。"就是在这一年,我国最早的土木系暖通专业在新中国的黑色大地上悄然发芽,并通过汲取、传播、优化苏联先进的办学经验茁壮成长。沧海桑田、世事变迁,近 70 年来,哈尔滨工业大学暖通专业在国家兴盛的浪潮中始终坚持传承与发展,坚定不移地为我国培养高层次人才、输出高水平成果,在我国建筑科技发展史册上留下了浓墨重彩的篇章。让我们跟随一代宗师的娓娓讲述,一起体味那份刻骨铭心的酸甜苦辣,回忆那段开天辟地的激情岁月,铭记那种砥砺奋进的行业精神。

"来到哈尔滨工业大学的第二天,我被编入了研究生的俄文学习班。最初的俄文老师是一位老太太,后来不知什么原因,换成了一位姓加尔金娜的老师,刘牟尼老师负责管理我们的俄文教研室。刘老师要求我们把以前学习的英语全部忘掉,全心全意地学习俄文。我们要经过一年的俄文学习,之后方能进行专业学习。这一年的俄文学习是非常成功的:前半年上午上课、下午自学;后半年增加了与俄国青年对话的环节,因此进步很快。

"俄文学习结束后,我来到了土木系,班里一共有 4 位研究生,除我之外,另外 3 位分别是蔡秉乾、顾迪民和王学涵,当时的系主任李德滋和我们进行了谈话。李德滋告诉我们,不久要来 3 位苏联专家,分别教给排水、施工和采暖通风。由于校内已经有了几位给排水方向的教师,并且施工需要的人数较多,因此我们 4 位研究生需要有 1 位学采暖通风,3 位学施工。李德滋指定我来学习采暖通风,其他 3 人则去学习施工。

"由于中国之前从未有过采暖通风专业,所以大家并不知道这个专业需要学习哪些内容。我曾写信请教上海的老师和亲友,他们回信说,这是机械系的专业,和土木系的基础完全不同。于是,我去找了李德滋,希望他能够从机械系找一个人来学采暖通风。他的答复很简单:'我们现在是在学习苏联,采暖通风专业归属土木系,哪个机械系的毕业生肯到土木系来呢?'所以只能由土木系的来学习。

"当时俄文班里一共有 5 位第一届采暖通风专业的研究生,除了我是由哈尔滨工业大学指定之外,其余 4 位是由其他大学派来学习采暖通风的研究生,分别是:天津大学的温强为、湖南大学的陈在康、同济大学的方怀德,以及太原工学院的张福臻。他们 4 位和我一样,也都毕业于土木系。由于苏联专家短期内并未如约而来,我们 5 人被划归在了给排水的教研室,学校还张榜公布了一位我们的'指导教师',名叫刘荻。

"由于采暖通风和土木系的专业基础课大相径庭,我们 5 人虽然在 1953 年 8 月进入了暖通专业,但对该专业可谓一窍不通,更不知暖通为何物。在苏联专家到来之前,哈尔滨工业大学安排我们补学了一些必要的基础课,包括:由热能专业比我们高一届的黄承懋讲授的'热力学';由水力学助教赵学端讲授的'水力学';以及由聂别辛可夫(白俄罗斯的采暖设计师)讲授的'采暖',这门课的目的不是为了学习技术,而是为了提高我们的俄语听力水平,让我们熟悉俄语专业词汇,为将来听苏联专家讲课做好准备。遗憾的是,'传热学'和'热机学'这两门重要的专业基础课,一直没有人讲。"

就是在这样的情况下,我国暖通专业的拓荒者们,迫切期待着苏联专家的到来,期待他帮助新中国建立这样一个新专业,一个 5 年制的专业。

"让中国人知道,5 年制的暖通专业应该学些什么内容。"

"1953年暑假之后,为了迎接苏联暖通专家,哈尔滨工业大学从土木系分出了一个班,进行暖通专业课的学习。这些1951年入学的学生此时正值本科三年级,由指导教师刘荻讲授'采暖'。

"1953年底,苏联专家德拉兹道夫抵达哈尔滨工业大学,接替了刘荻的教学工作,为本科生和研究生讲授采暖课程,紧随其后的是通风和供热课程。授课方式有两种:一种是苏联专家慢慢地念讲稿,念完一段解释一段,大家拼命记笔记;一种是在苏联专家的指导下做课程设计。同期学习的还有由哈尔滨工业大学土木系毕业的留校教师杜鹏久和赵亚杰,以及刘荻。为了加速培养本校师资,哈尔滨工业大学又从1951级的本科生中选出五人:路煜、盛昌源、贺平、刘祖忠、武建勋,和我们一同向苏联专家进行学习。

"这时从全国各高校来了十几位进修教师,包括清华大学的副教授吴增菲和重庆建筑工程学院的副教授王建修,以及西安冶金建筑学院(现西安冶金建筑科技大学)、华东纺织工学院(现东华大学)、中国人民解放军军事工程学院(现哈尔滨工程大学)、青岛建筑工程学校(现青岛理工大学)、南京粮食学校(现南京财经大学)的讲师和助教。他们当中,能够听懂俄文的,会跟着我们一起听苏联专家上课;听不懂俄文的,会跟着本科生一起听哈尔滨工业大学研究生上课。所有进修教师的课程设计都是由苏联专家亲自指导的,语言不通的教师,会由我帮他们进行翻译。

"1954年,总支书记陈玉英找我谈话,他说为了使专业快速成长,学校决定指派杜鹏久前往苏联学习,同时成立供热、供煤气及通风教研室,任命我为教研室副主任,负责专业和苏联专家的一切工作。

"1954年暑假之后,哈尔滨工业大学暖通专业迎来了第二届研究生:陈琰存、陈沛霖、赵振文和李猷嘉。此时采暖课程已经结束,他们只能和我们一同听苏联专家讲授通风和供热。

"这个时候,需要在1951级和1952级的本科生中逐渐普及暖通专业课的学习,却苦于没有授课教师。于是,我们决定采用应急方法:安排研究生一边跟苏联专家学习,一边给本科生讲课。我负责给1951级本科生讲通风;温、陈、方、张四位第一届研究生则分工合作,负责给1951级本科生讲供热;刘荻负责给1952级本科生讲采暖。之后,由路煜接替刘荻进行采暖课程的教学,刘荻则去协助德拉兹道夫建设我们的实验室。实验台的设计由我们大家分着做,并且邀请了曾在美国做研究生的吴增菲进行空调测试台的设计。

"按照计划,德拉兹道夫应该在1955年暑假之前回国。因此,我们这些人,包括一些来自外校的进修教师,都要在此之前完成学位论文,重点是工业通风。1954年暑假,德拉兹道夫在长春汽车厂指导了我们的生产实习,并协助我们拿到了沈阳一机部三、四分局档案室中保存的车间平面图和生产工艺图。这些图纸都属于绝密资料,因为有苏联专家,图纸的获取过程才显得相对顺利些。当时,主持三、四分局设计工作的是化工机械系的毕业生张家平和李志浩,他们现在是国内著名的暖通专家。实际上,当年各设计院基本上都是由机械系毕业生担任暖通设计,他们后来也都成了中国这方面的专家。

"德拉兹道夫在校期间,一共讲授了采暖、通风和供热三门课程,还要尽心尽力指导一大批人的课程设计、生产实习和毕业设计,着实非常辛苦。虽然,事实上,他只是把苏联大学里暖通专业需要学习的部分课程和应当完成的课程设计,给我们讲了一遍和过了一次,但是,大家依然很崇拜他。至于'锅炉及锅炉房设备'和'传热学'这两门专业课,前者由于没有授课教师,我们只能自学,然后由动力系的一位苏联专家安排我们考试,后者由于时间不足,我们当时并没有进行学习。因此,确切地说,我们只不过是在苏联专家的指导下,补学了暖通专业部分主要的内容而已,所谓的研究生学位论文,其实是我们的毕业设计。

"由于任务繁重,眼看到了原定回国的日子,德拉兹道夫也没能讲完通风和供热这两门课程。于是,他将回国日期申请延长到了 1955 年暑假之后,在假期总算讲完了供热。至于尚未讲完的通风,出于无奈,他给我们留了一本该课程的教学指导书,让我们照着自学。这是一本函授学院的指导书,书中详细介绍了每一章的具体内容,某一内容应该读哪几本书,从哪本书的第几章、第几页、第几行学到第几页、第几行。

"德拉兹道夫离开之前,我们的实验室也在他的指导下建设完成了。然而,没过几年我们就发现,这个实验室基本上就是按照生产实物设计的,体型庞大,根本无法进行实验,更无法用于教学。因此,几年后,我们逐渐有了相关经验,便对这个最初的实验室进行了拆除重建。后来我们才知道,德拉兹道夫来自于函授学院,可能根本没有搭建实验室的经验。而且,苏联此前也没有暖通专业,只是在动力机械系里,有一个采暖通风专门化。50 年代初期,苏联建筑部门认为,采暖通风和动力专业之间的配合欠佳,于是在建筑学院成立了这样一个专业。随后,又和原本属于给排水专业的煤气输送进行了合并,最终形成了暖通这个新专业。

"1955 年 9 月,德拉兹道夫回国,我们也算完成了任务。"

第一届暖通专业研究生中,陈在康和张福臻毕业即返回了自己的学校;天津大学暖通专业还没有到专业课授课阶段,经天大同意,温强为留在哈尔滨工业大学帮了两年忙;方怀德则因为身体欠佳,当时未能完成毕业设计,延期了一年。

1951 级本科生中,路煜、盛昌源、刘祖忠、武建勋四人也在 1955 年 9 月按照学制(本科)顺利毕业,准备留校加强教研室。不过这时发生了一件意想不到的事:"一天,路煜告诉我,学生科通知,教育部已经将他们 4 人按照应届毕业生分配出去了。我连忙向系里反映,系里也立刻经过学校联系到了教育部,要求把他们 4 人重新分配回哈尔滨工业大学。然而，教育部回复说，有一个名额需要分配给同济大学，只能返还哈尔滨工业大学3个名额。于是出现了武建勋前往同济，其他3人留校任教的结果。"1951级本科生中的贺平，由于1954年突患严重的心肌炎，暂时休学，痊愈返校后降级到1952级跟班学习。

"没过多久，系里通知我，要把路煜和盛昌源两人送到苏联去学习。当时，路煜是采暖和通风的授课教师，盛昌源是供热的授课教师。由于温强为能够接替路煜讲采暖和通风，我便建议让路煜先去苏联学习，盛昌源可以之后再去，系里也同意了我的提议。路煜出国后，就再也没有派人前往苏联了。

"1955年，在德拉兹道夫回国后，苏联紧接着派来了一位燃气专家——约宁。同时，我们也迎来了第三届研究生，他们是东北工学院自己办的4年制暖通专业的毕业生，共有8人。跟随约宁学习燃气的不仅包括这8位研究生，还包括全国各校前来进修的教师，以及第二届研究生中的李猷嘉，并由他负责约宁的一切工作。

"至此，我们已经基本上掌握了苏联暖通专业中的主要课程。但是，教学计划中实际上还包括锅炉和锅炉房、施工计划、施工组织和自动控制等课程，虽然苏联专家并未讲授过，我们的学生却必须按照计划完成这些课时。于是，我们又一次采取了应急方法：在1952年入学的本科班里又调出了4个学生（秦兰仪、崔如柏、廉乐明和吴元伟）特殊培养。除了需要完成本班的课程外，秦兰仪、崔如柏、廉乐明还需要完成机械系苏联锅炉专家给他们制订的特殊计划——自学并完成锅炉房的毕业设计；吴元伟则需要完成电机系苏联自控专家为他单独制定的计划——到电机系听课、自学并完成暖通空调自控的毕业设计。由于此前暖通专业没有自动控制的授课教师，吴元伟便给自己班的同学（1952级）讲了这门课，本班同学也向他献花以示感谢。毕业后，秦兰仪、崔如柏担任暖通专业锅炉的授课教师，廉乐明担任暖通专业热工和传热的授课教师。

"1954年，系总支派两年制工民建毕业的王焕耕前来担任党支书，我安排他和来自各校的进修教师一同听课，完成一些主要课程，随后让他准备并给学生讲授施工组织。刘祖忠则被派到第一汽车厂工地进修，一年之后回来讲授施工技术。

"1957年，学校从一机部调来了一位在德国学习热工的留学生——徐邦裕。我们这些人由于没做过设计，对于教学计划中要求让学生做结合实际的设计十分头痛，而徐则可以驾轻就熟的指导大批学生的毕业设计，他的到来着实为我们减轻了一大负担。

"1956年，第二届研究生毕业，赵振文和陈琰存分别留校充实了供热和采暖通风师资力量。为了解决我们没有实际经验的问题，我在陈琰存留校后立即派他到沈阳三分局去做了一年设计，然后回来教课。我的想法是，以后每一个留校教师，都要轮流到工地和设计院去锻炼一年，再回来教课。

"1957年，约宁回国，第二届研究生李猷嘉和下一届的薛世达留校。至此，供热、供煤气及通风专业的教师队伍,才算配备齐全。

至于哈尔滨工业大学暖通专业由来已久的学科归属问题,郭骏教授讲道:"1956年高校教学改革,学校给每个教研室发了一套国外著名大学的教学计划,我发现绝大部分大学的供热通风都被划分在了机械系。于是,我在校务会议上提出,暖通专业应归属动力系,这样更有利于发展。当时,以黄承慰为代表的动力系教师全力支持我的提议。时任校长李昌也在研究后表示认同,并派我随同宋副校长来到北京教育部反映此事。不过教育部则表示,目前不予讨论,这件事情就被搁置了。后来,陈雨波告诉我,校长顾问罗日杰斯文斯基来自于鲍曼动力学院,苏联的暖通专业就是属于鲍曼动力学院的,因此他们对中国把暖通专业划分在土木系一直持反对态度,这也是李昌校长支持我的原因之一。再后来,土木系要从哈尔滨工业大学分离出来成立建筑工程学院,暖通专业在动力系就属于哈尔滨工业大学,在土木系则属于哈建工,于是问题就变得更加复杂了。此外,1957年风起云涌的政治局势,也深刻地影响了暖通学科的归属。"

叹时光匆匆如梭,忆往昔余味无穷。郭骏老师侃侃而谈,不仅鲜活了那段老去的岁月,丰盈了那些时代的丰碑,也让我们深刻感受到了老一辈暖通大师对行业的热爱、对同仁的浓情。这些流光溢彩、熠熠生辉的过往,记载了太多的曲折与奋斗,镌刻了不朽的精神与力量。经过几代人的艰苦努力,哈尔滨工业大学暖通专业始终在中国建筑科技领域有着举足轻重的作用。过去未去,未来已来!在祖国继往开来的新时期,让我们不忘传承、不断超越,扛起新使命、努力新作为,将暖通事业推向新的高度,书写新的篇章!

在湖南大学的创业历程
——由陈滨教授根据陈在康晚年口述整理所得

1959年8月,我被借调来清华工作的期限已经超过半年了。在湖南大学,1958年暖通专业已经开始招生了,1959年暑期过后已经同时有一、二两个年级,教师还只有我一个人。所以这时我也急着要回湖南。我决定先去天津大学和同济大学取经再回长沙。完全出乎意料,天津大学的同志说:"湖大暖通专业停办了,我校还收到湖大来函,要求将已招收的58级学生转学到天大而且天大已回函同意,只是提出教师要随同一起调来。"待我来到同济大学,被告知了同样的信息并说同济已同意湖大58级学生转学到同济,也提出教师要随同一起调去。于是我匆匆赶回长沙,找到院党委书记问个究竟。书记说,学校曾经有过这种打算,但现在已经是历史了,因为省委主管工业的李瑞山书记已批示不同意停办,并说有条件要办,没有条件创造条件也要办,就是说停办一说已经被彻底否定了。当务之急还是物色教师,我又去找高教部求助,希望能从兄弟院校抽调1～2位老师来支援,结果未能如愿,不过他们还是许诺留苏归国学生如有暖通专业的优先分配给我们。果然不久后就分配来了一位方璆,系里又从下放工地返校的老师中抽调了尹业良。这样,我们有了4个人(应该是包括蔡祖康老师,编者注),正式成立了暖通专业教研室。有什么事我们都商量着一起干。那时,我们都住在和平斋,经常吃饭的时候也端着饭碗在一起讨论工作。当时首要的事情还是物色教师。那时哈尔滨工业大学新建道路专业,从湖大道路专业借调了一位柯尊敬老师,很想把他留下,于是我们马上争取到调一位暖通专业的老师来的机会,于是调来了一位娄长彧。这时江西工学院来湖大商调施工教研室主任谢叔敏老师,于是我们建议他们在应届毕业生中争取一名暖通专业毕业生调来我校。这个建议得到了积极的回应,调来了吕文瑚。另外我们还采取自力更生的办法,从工民建专业高班学生中抽调了赵聚英和郑子治,派出去进修,培养为暖通专业教师。原来系里还打算要成立"建筑制品"专业,派了一批教师到同济大学进修。后来停办了,我们又争取调来了汤广发和姚圣聪。通过各种途径,教研室的队伍总算组建起来。于是每人主攻一门课程积极备课,并尽量派到生产一线实习锻炼,尹业良专攻燃气工程并派往北京市煤气公司学习;娄长彧主攻空调、俞礼森专攻制冷,他们两个则派到北京电影洗印厂实习;郑子治专攻施工技术,则派到设备安装公司实习,其他人员也尽量下到厂矿进行调研,并开展科研工作。

专业实验室的规划设计,则由大家集体研究着办。我们比较研究了各兄弟院校筹建专业实验室的经验和教训,开始了暖通专业综合实验室的建设工作。首先是选择建设的地点,最后选定南楼东面的一片菜地,一栋三层楼约1 600 m²的实验室设计完成。当时学校总务长戴鸣钟教授给予了我们极大的支持,从筹资、征地、购买材料到组织施工都安排得有条不紊,工程进展得很快,没有多久基础就做好了,砖墙都砌得窗台高了。当时基建战线太长,进行整顿,一批在建项目被迫停工,我们当然也只有停下来,这一停就再也未能恢复,当时的整顿是全国性的。原来中南土建学院是归口由高教部主管,1958年下放到湖南省,省里就在此基础上扩建为湖南工学院,与此同时还要新建一所综合性湖南大学。1959年又把湖南工学院和在建的湖南大学合并为新的湖南大学,并改由中央第一机械工业部主管。部领导来校视察,看到我校机械实习工厂还是一些老式的皮带车床,决定上的第一个项目就是建一座合格的机电实习工厂,厂址就选在我们新建专业实验室同一个地点。我们只好小局服从大局,暂时停工的已完成的工程也只能全部被清除。我们只好重起炉灶,重新选址、设计,这一次的项目设计由副系主任黄学诗教授挂帅,建筑面积及设计标准都卡得很紧,设计下来1 000 m²都不到。这时,部属各设计院也都在进

陈在康教授

行整顿,在规划中发现暖通专业设计人员的缺口最大,按照目前湖大培养的规模,10年也填不满。为此,部领导决定采取一个应急措施,即在部属中专的应届毕业生中抽调5个教学班的人到湖大按大专的要求学习两年,培养成暖通专业的设计人员。学校接到通知以后立即派我到部里去接受任务,了解具体要求、商讨教学计划。部基建局领导实际上已经做了周密考虑,包括他们在校学习期间及毕业分配工作的待遇问题等。考虑到他们大多来自农村,家庭经济条件不是很好,决定给予他们带薪学习的待遇,由于不能用正式大专的名义,于是被称为暖通训练班,但明确规定毕业后按大专毕业生待遇分配。就为了这一点,后来在他们评定职称时纷纷来学校索取学历证明。所有政策规定集中到一个下达任务的文件中,由我带回学校。最后我也将我们专业实验室建设过程中遇到的情况向部基建局领导汇报了一遍,请求给予帮助,他们都爽快答应了,并要我回校后马上把项目报到部里。回来后我赶紧把这件事办了,并且很快获得批准,列入了1964年的年度施工计划,所以随后的进展就非常顺利。作为部里下达的任务,物资和设备供应都有国家分配的指标,施工也是由长沙实力很强的省建六公司承担,建筑施工很快就完成了。但是,好景不长,不久我们的新实验室锅炉房被膳食科占用为食堂供蒸汽、风洞实验室成了他们堆煤的煤棚、化学化工系的师生占用通风实验室办起了一个橡章厂、制冷机房则承担为全校供应冷饮,每天下午各单位就派人提着水桶到我们实验室来打冰水。实验室的建设完全陷于停顿,直到1968年实验室才开始重新整顿。风洞的建设又遇到新的麻烦,驻土木系军宣队老曹以一种关心的口吻建议我们取消风洞建设,要我们打报告停建。其实,我们已经建过一个临时实验室,这一次是在总结经验教训的基础上改进设计的,至于尺寸,试验段的直径为 1.5 m,并不算很大,主要因为入口的喷嘴断面要有一定的收缩比才能保证试验段流速分布均匀,所以喷嘴入口看起来体形较大,这根本不是什么浪费问题,关于停建的建议我们当然不能接受。意见分歧一直反映到了校党委,最后党委决定请科研处长牵头组成调查组,到各兄弟院校征求意见,结果主要的反馈意见还是希望我们能建好,我们的努力得到了广泛支持,这时也来了两位木工师傅帮助我们,大家又振作起来。

陈在康教授在湖南大学创办暖通空调专业,他一个人从零开始,陆续组建完善了师资队伍、实验室、教学计划。湖南大学第一届本科毕业生于 1963 年正式毕业,标志着湖南大学暖通专业的人才培养体系的初步建立,并为当时作为湖南大学主管单位的第一机械工业部培养了大批稀缺的暖通设计人才。此后,他带领湖南大学暖通空调专业逐步建立完善了各级学位授予权的人才培养体系。1978 年,湖南大学开始招收培养硕士研究生;1990 年,经国务院批准,他成为暖通专业最早的博士生指导教师之一;1993 年,湖南大学暖通专业获得博士学位授予权,成为国内继哈尔滨工业大学、清华大学后,第三个获得博士学位授予权的高校。以结构工程和供热、供燃气、通风及空调工程两个博士点为基础,湖南大学获得了土木工程一级学科博士学位授予权。

随着我国环境保护事业的发展,1982 年,陈在康教授负责组建了湖南大学环境工程系和环境保护研究所,并担任首届系主任和所长。目前,湖南大学环境科学与工程学科也获得博士学位授予权。陈在康教授还负责创办了湖南省土木建筑学会暖通空调专业委员会。以湖南大学为中心,湖南省暖通空调领域的教育、科研在国内一直处于领先地位。至今,湖南省已有 9 所高校设置了建筑环境与能源应用工程本科专业(另有一所高职院校开设专科班),这些高校的暖通空调专业基本上都发源于湖南大学暖通专业。作为全国暖通空调专业学科的创始人之一,陈在康教授数十年艰苦创业,得到社会各领域的高度认同。正是:

千年弦歌承文脉,一朝建业树名牌。

前辈锵锵成泰斗,后人泱泱继开来。

栉风沐雨六十载,碧血丹心育英才。

书院深深松竹茂,桃花灼灼遍地开。

湖南大学第一届暖通学生花名册

湖南大学第一届暖通学生毕业合影（利光裕老师提供）

湖南农药厂防尘设计工作组于爱晚亭枫林桥合影（利光裕老师提供）

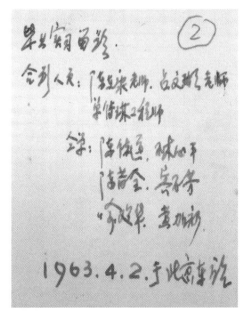

1963 年 4 月毕业实习时于北京车站留影及人员名单（利光裕老师提供）

带领湖南大学暖通 1962 级学生赴外地毕业实习时合影（1968 年 2 月摄于南京中山陵，利光裕老师提供）

湖南大学暖通专业首届毕业纪念合影

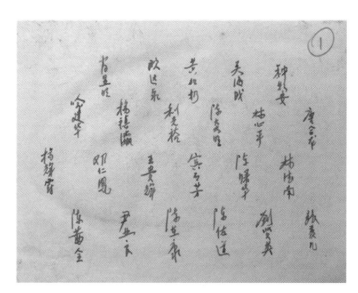

第一届毕业生合影名单（利光裕老师手迹，从右往左）

业精于勤　行成于思
——2019 年 5 月追记

廉乐明

　　我于 1951 年 6 月在江苏省无锡市第一中学高中毕业。当时,国内高考还未实施全国统一招生,而是分开由华东、东北行政区和华北、东北行政区联合招生。高中时我对化学很感兴趣,因此报考志愿是化学工程,哈尔滨工业大学是第二志愿院校。当时我还是一名 17 岁的普通高中毕业生,在班上年龄较小,对哈尔滨工业大学的了解只有只言片语,仅从招生简章中获知一点信息:学俄语、学制 6 年(预科 1 年、本科 5 年)。对哈尔滨的印象是从电影《松花江上》中获得的,对东北白山黑水、广袤的黑土地有着美好的向往。当年我们无锡市一中被哈尔滨工业大学录取的 4 名同学是一起来哈尔滨的。1951 年 8 月下旬,江苏、浙江和上海市的录取新生在上海复旦大学集中。哈尔滨工业大学委派一位姓李的预科主任负责的新生面试并安排常规的体检,还组织了火车"新生专列"送我们北上。列车配置都是普通硬席车厢,没有餐车,因此要求学生尽量备好旅途干粮。大约在 8 月 26 日傍晚时分"新生专列"从上海北站启程。在上海上车的新生仅坐了专列的一半车厢,还剩一半的车厢空着,留给南京、徐州和济南站上车的新生,所以专列行驶前方在相应的车站停靠迎接新生上车。此外专列还因避让军用列车在山海关、沟帮子、大虎山、四平和长春停靠时间较长,特别是在大虎山站,火车停靠等待了近一昼夜,全车学生自备的干粮早已用完,大虎山原本是铁路小站,站内没有供应,只好走出车站寻找小卖店,上千名学生无法解决当天的伙食供应,只好回到车厢里在车上饿着,等待到下一站解决。专列走走停停,火车共行驶了 6 个昼夜,在 9 月 1 日清晨抵达哈尔滨。

　　9 月是哈尔滨的黄金季节,秋高气爽,略带凉意,哈尔滨老站在朝霞中欢迎我们这批从南方来的年轻学生。学校派来了多辆深绿色中型卡车接我们,直接送到沙曼屯(即今和兴路一带)的预科校址。一路上经过红军街博物馆、喇嘛台、西大直街、铁路局,见到街道开阔绿树成荫,行人和车辆不多,还有马车在街上奔驰,马蹄嗒嗒声与机动车、电车的声音交混在一起,很觉新鲜。车过了西大桥就似乎到了郊外,连绵一片的高粱地和苞米地。沙曼屯(即今和兴路)省教师进修学院校址,当时是新建的哈尔滨工业大学预科教学楼,它坐落在和兴路的东侧,在大门前马路西侧步行百来米,有一栋工字形砖混结构二层楼建筑,那是我们的新生宿舍,可以容纳近千名学生住宿。楼内有集中供暖(蒸汽采暖)、浴池、大灶食堂。工字楼的后面还有一栋女生宿舍,也有集中供暖设备。在这两栋建筑之间有一片空旷地开辟为体育场、体育教研室,平时作为课外活动体育锻炼场地,冬季用作滑冰场。从女生宿舍往西有一批连续十多幢小平房,烧火炕采暖,学校安排高年级学生住宿。

到校后第二天就正式上课。1951 级预科新生共分为 24 个班级,我分在甲 13 班,这批学生来自京津沪宁杭一带的居多,东北学生不是很多,还有少数几个从海外归国的华侨学生,因此口音南腔北调。预科中除了从全国招来的应届高中毕业生(甲班生)外,还有另一批从关内解放区保送来和 1949 年哈尔滨工业大学在东北地区招来的初中毕业生,到校后进入预科的高中部学习,分为初级(高一)、中级(高二)和高级(高三)3 个班级,他们边学俄语边修高中的课程,使用苏联应届高中教材,直接采用俄语教学,毕业后直升哈尔滨工业大学本科学习,这也是当时解决生源问题的一种特殊措施。

预科的教学内容主要是俄语学习和体育课,此外开展政治思想教育和党团活动。由于 1951 年哈尔滨工业大学首次扩大招生,师资力量紧张,俄语教员是聘用哈市本地的苏侨知识分子(从前的白俄移民),他们都受过良好的中等以上的教育。不过虽然具备一定的水平,但毕竟队伍刚组建,缺乏成熟的俄语教学经验,同时负责课外辅导工作的中国俄语教师人手不够,配合跟不上,所以学习效果并不十分理想,只能说还过得去。从此往后才得到逐步改进和提高。

关于我们新生的生活,学生的伙食费和日常生活费原则上由个人自理,而对家庭经济困难的学生可以申请补助,学校设有甲、乙、丙 3 个等级的助学金。我考虑当时的家庭经济状况没有去申请助学金。学生的伙食分大灶和中灶两种,学生自由选择,大灶每月 9 元 5 角,中灶每月 12 元 5 角。在预科的第一学期我参加中灶食堂用餐,中灶食堂设在教学楼地下室。

一年的预科生活,我的俄语学习从零起步,获得了很大的长进,已能进行一般性的口语交流,借助辞典能顺利地阅读俄文教材和参考书。我的体能也得到了很大的提高,达到了国家颁布的"劳卫制"体育锻炼的标准,并荣获国家"劳卫制"体育三等体力奖章。1952 年 11 月我被批准参加了中国新民主主义青年团。有几件大事值得说一下。一是毛泽东主席在莫斯科与斯大林签订的中苏友好互助同盟条约于 1950 年正式生效后,苏联将中长铁路无偿移交给中国政府,而原属中长铁路管理的哈尔滨工业大学自然也由中方全部接管,中央任命陈康白任哈尔滨工业大学校长,中央确定全面学习苏联,并指定中国人民大学和哈尔滨工业大学是全面学习苏联的重点院校,聘请苏联专家指导协助办学,因此学校已做好准备安排迎接苏联专家的到来。二是 1952 年 9 月,预科学习结束升入本科时,恰逢国家高教部宣布全国高校进行院系改革与调整。对哈尔滨工业大学来说,化学工程系全部调到大连工学院,冶金系和采矿系调到东北工学院等。并限定原在校本科专业的师生全部调到大连工学院,未进入本科专业的新生,全部就地改专业。因此,我就遇到了改专业的机遇。1952 年秋季在预科升入本科前我选择了土木工程系,所以在本科一年级(1952 年秋季学期至 1953 年春季学期)我是按土木系的教学计划上基础课的。此时哈尔滨工业大学的校舍面向大直街的土木楼(即今建筑学院楼)还未建成,我们在本科第一年上课是在旧楼和 52 年扩建的与旧楼延伸的 52 楼(后来与 1953 年建的土木楼再延伸连接,为区别而取名 52 楼)。当时校舍正在建造,各班级没有自己的小教室,为了便于召集和管理,都安排在 52 楼的大教室里,好几个班在一起分区安排座位,每人有一张课桌,所以课后活动和自习都在一起。晚自习 21:00 结束,我们从大直街校部步行回到沙曼屯小平房就寝。清晨 6 点起床,洗漱完毕后就赶到校部食堂用早餐,然后去大教室上课,这样的作息安排经历了一个学期,一直到在西大桥附近的学生宿舍盖成才彻底解决了住宿太远的困扰。在 1953 年 9 月我又选了一次专业,这次是将土木工程与卫生工程(给水排水与暖通)分开,我选择了卫生工程专业,有两个班学生。又过了几个月,学校明确地将给排水与暖通分成两个专业。我选择了暖通专业(该专业全称是供热、供煤气及通风专业),有一个班的学生,我的无锡市一中的同学诸明杰跟我分到一起选了同一专业,同班学习一直到 1957 年本科毕业,而选给排水专业的有吴满山等人。这是我进入哈尔滨工业大学本科时改选专业志愿的一段经历,之所以不厌其烦地诉说,因为这是从一个学生的侧面客观反映当时学校在学习苏联建立新专业的一个决断进程。

从时间上,哈尔滨工业大学从 1952 年秋按苏联模式创建本科 5 年制供热供煤气及通风专业,是国内最早创立该专业的大学之一,这是因为哈尔滨工业大学原是 6 年制,有 1950 级的在校学生,刚好 1956 年夏本科 5 年制毕业,这也是机遇,抢了先机。

1953 年夏,国内开始进入了经济建设时期,国家财政得到改善,国家包干了高校大学生的生活费用,改善了学生的生活条件。哈尔滨工业大学的校舍土木楼、机械楼、电机楼和实习工厂以及多幢学生宿舍楼相继投入使用,教学和生活条件得到很大改善。苏联专家按计划陆续到校,学校的教学工作、科研工作和生活安排,踏实有效地开展起来。1955年 10 月,学校从我们暖通 1951 级提前抽调秦兰仪、崔汝柏、吴元炜和我 4 人作为苏联专家 A.A. 约宁的研究生,毕业留校任教。学校安排我们除按计划与同班同学一起完成本科学业毕业外,同时还进行本专业教师的业务工作。

1955 年 10 月至 1957 年 6 月,我辅导暖通 1952 级的锅炉课程设计和实验,并筹建锅炉实验室。1957 年 6 月,我通过了锅炉房设计的毕业论文答辩,完成本科和研究生的学业并毕业。

研究生毕业留校后,从统一和高效利用教学资源的角度,哈尔滨工业大学高铁副校长把我调入动力机械系担任热工教研室助教,负责辅导暖通、动力经济、机械、电机、动力等系各有关专业的热工实验课,辅导锅炉 56、汽机 56、暖通 56 的传热学课和习题课。1958 年春季学期给锅炉、汽机专业 1956 级学生讲授部分传热学课程。1958 年秋季任热工实验室主任,负责实验室的建设并协助老教师的专题科研工作。

1959 年 4 月,国务院批准建工部以哈尔滨工业大学原土木系为班底组建哈尔滨建筑工程学院的决策,从隶属一机部的哈尔滨工业大学分出来而归属建筑工程部。为成立哈建院,我又从动力机械系调回土木系暖通教研室,着手组建哈建院的热工教研室和实验室,同时承担讲授供热 1956 级的传热学课程(包含讲授辅导和实验的全部教学环节)。

回到哈建院暖通教研室后值得记载的有:

1959 年 8～9 月,我在北京煤气热力公司带煤气 1956 级生产实习,在北京东郊白家庄铺设城市煤气管道。1959 年秋季学期讲授暖通 1957,煤气 57 传热学(包含讲课、辅导、习题和实验)。1960 年春季学期辅导暖通 1955 级毕业设计,负责在省肉联冷库预冻间内安装人工冰场模型试验台测试和辅导省冰球馆的通风模型试验。1961 年春季学期讲授暖通 58、煤气 58 传热学、道桥 58 普通热工学。1961 年 8～9 月带暖通 58 生产实习,在哈市国测二分局家属楼安装采暖系统。

1961～1965 年,为贯彻中央"整顿、巩固、充实、提高"八字方针,哈建院内有关专业进行整顿、巩固,原计划创办的新专业停办,学生转入暖通和煤气专业,加上暖通、煤气计划内的学生,叠加在一起,讲授课程形成了一个教学高峰。在这几年中我担任了全部的讲授任务(包含所有的教学环节),具体见下表。

廉乐明教授 1961～1965 年期间承担的教学任务

时间	传热学(80～90 学时)	工程热力学(70～80 学时)
1961 年	暖通 59;59 特 煤气 59;59 特	
1962 年	暖通 60;60 特 煤气 60;60 特	暖通 60;60 特 煤气 60;60 特
1963 年	暖通 61(2 个班)	暖通 61(2 个班)
1964 年	暖通 62,煤气 62	暖通 62,煤气 62
1965 年		暖通 63(2 个班)

从研究生毕业到 1965 年这 8 年中,我遇到难得的机会,从课程辅导答疑、习题课、实验课、实验室建设工作,一直到课堂讲授、课堂讨论,我在各个教学环节中摸爬滚打,获得

了扎实深入的锻炼,站稳了讲台,夯实了一名教师的知识基础,为日后的编写教材、实验研究和科学理论研究做好准备,因此我很珍惜学校给我这种机会。

从那时至今的很多历程,我有很多资料已公之于众,就不再多说了。我的自述就到此画上句号。

附录　学科重大成果

哈尔滨工业大学

教师获奖统计

序号	获奖人	项目/论文/竞赛名称	获奖等级	获奖时间
1	董重成	严寒地区居住建筑节能成套技术研究	黑龙江省科技进步奖一等奖	2002
2	孙德兴,张吉礼,王海燕	论上课	《中国教育理论杂志》优秀论文二等奖	2002
3	谭羽非	突出专业特点改革"工程热力学"课程教学的研究与实践	黑龙江省高等学校教学成果一等奖	2003
4	孙德兴,张吉礼	关于上课的研究	黑龙江省高等教育教学成果二等奖	2005
5	姚杨	双极耦合热泵供暖的应用基础研究	中国制冷学会科学技术进步奖三等奖	2006
6	伍悦滨	纳米碳晶导电发热材料制备及应用技术	黑龙江省科技进步奖二等奖	2009
7	孙德兴（参与）	传热学课程多层次教学模式的研究与实践	黑龙江省高等教育教学成果一等奖	2010
8	赵加宁	中铝兰州分公司350KA槽铝电解车间厂房自然通风技术	中国有色金属工业科学技术一等奖	2010
9	孙德兴,张承虎	城市原生污水热能资源化工艺与技术	省技术发明一等奖	2010
10	董重成	供热计量技术规程	华夏建设科学技术奖二等奖	2011
11	姚杨,姜益强（参与）	水源地源热泵高效应用关键技术研究与示范	华夏建设科学技术奖一等奖	2012
12	董建锴	—	夏安世教育基金会·西克制冷奖学金	2012

续表

序号	获奖人	项目/论文/竞赛名称	获奖等级	获奖时间
13	何钟怡	—	第二届"优秀教工李昌奖"	2013
14	伍悦滨	低浊度出水条件下给水处理系统各环节的协同规律研究	黑龙江省科学技术奖二等奖	2013
15	沈朝	—	夏安世教育基金会·西克制冷奖学金	2013
16	董重成	民用建筑供暖通风与空气调节设计规范	华夏建设科学技术奖一等奖	2014
17	王芳	第十二届 MDV 中央空调设计应用大赛	学生组·优秀指导教师奖	2014
18	王昭俊	研究生课程"室内空气环境"	哈尔滨工业大学教学优秀奖一等奖	2015
19	王昭俊,等	研究生课程教材《室内空气环境评价与控制》	黑龙江省高等教育学会优秀高等教育研究成果一等奖	2017
20	赵加宁	寒地建筑绿色性能优化设计关键技术研究与应用	黑龙江省科技进步奖一等奖	2017
21	姜益强(参与)	典型气候地区既有居住建筑绿色化改造技术研究与工程示范	华夏建设科学技术奖一等奖	2018

学生获奖统计

序号	获奖人	项目/论文/竞赛名称	获奖等级	获奖时间
1	杨浩	第十二届 MDV 中央空调设计应用大赛	学生组·杰出设计奖	2014
2	刘凯月,马晨钰,徐云艳	第十六届 MDV 中央空调设计应用大赛	杰出设计奖	2018
3	田金乙	—	夏安世奖学金·三花奖	2019

清华大学

教师获奖统计

序号	获奖人	项目/论文/竞赛名称	获奖等级	获奖时间
1	赵彬	建设一流研究型大学从本科生抓起：空气洁净技术课程的教、学、研结合模式探索	清华大学教学成果二等奖	2012
2	朱颖心	建筑环境学(第二版)	清华大学优秀教材奖	2012
3	彦启森,石文星,田长青	空气调节用制冷技术(第四版)	清华大学优秀教材评选二等奖	2012
4	刘晓华	清华大学青年教师教学基本功比赛	理工组一等奖	2012
5	朱颖心	—	优秀博士学位论文指导教师	2012
6	赵彬	—	SRT优秀指导教师一等奖	2012~2015
7	王宝龙,石文星	中国制冷空调行业大学生科技竞赛	优秀指导教师	2012~2016
8	付林	基于吸收式换热的热电联产集中供热技术	北京市科学技术奖一等奖	2012
9	付林	吸收式热泵回收汽轮发电机组冷端余热的技术研究与应用	科学技术进步奖一等奖	2012
10	刘晓华,江亿	降低大型公共建筑空调系统能耗的关键技术研究与示范	华夏建设科学技术奖一等奖	2012
11	李先庭,石文星,王宝龙,等	高效板管式蒸发冷凝空调制冷设备关键技术及应用	广东省科学技术奖励二等奖	2012

序号	获奖人	项目/论文/竞赛名称	获奖等级	获奖时间
12	江亿,燕达,等	铁路客站技术深化研究—铁路大型客栈建筑节能综合技术研究	铁道部科学技术进步奖二等奖	2012
13	刘晓华	北京高校第八届青年教师教学基本功比赛	二等奖	2013
14	付林	—	优秀博士学位论文指导教师	2013
15	王福林	—	清华大学优秀班主任	2013
16	赵彬	清华大学第三十一届"挑战杯"学生课外学术科技作品竞赛	优秀指导教师	2013,2015
17	付林,等	基于吸收式换热的集中供热技术,2013年度国家技术	国家技术发明奖二等奖	2013
18	赵彬,李先庭,杨旭东	—	教育部自然科学二等奖	2013
19	林波荣,李晓锋,等	绿色超高层建设建筑评价技术细则研究	华夏建设科学技术奖二等奖	2013
20	魏庆芃	大型公共建筑能耗监测系统关键技术开发与示范	上海市科学技术奖三等奖	2013
21	李晓锋	万达学院一期工程	住建部绿色建筑创新奖综合奖一等奖	2013
22	李晓锋,朱颖心	绿色铁路客站评价标准与评价体系研究	中国铁道学会科学技术奖一等奖	2013
23	石文星,王宝龙	践行 CDIO 理念,探索工科创新型人才培养模式	清华大学教学成果二等奖	2014
24	朱颖心,石文星	对工科专业课程教学方法的思考	清华大学高等教育学会优秀论文奖一等奖	2014
25	石文星,王宝龙,李先庭	基于CDI理念的实战型工程专业课教育方法	清华大学高等教育学会优秀论文奖三等奖	2014
26	谢晓云	清华大学青年教师教学基本功比赛	理工组二等奖	2014
27	谢晓云	—	清华大学优秀班主任	2014

序号	获奖人	项目/论文/竞赛名称	获奖等级	获奖时间
28	谢晓云,江亿	大型真空环境下吸收式传热传质平台项目	清华大学第十三届实验技术一等奖	2014
29	刘晓华	机场车站类高大空间新型空调系统的研究及应用	中国制冷学会科技进步奖一等奖	2014
30	江亿,付林,魏庆芃,杨旭东,燕达	《中国建筑节能年度发展研究报告》系列年度报告	能源软科学研究优秀成果奖	2014
31	魏庆芃	构建北京市建筑节能体系的关键技术研究与应用	北京市科学技术奖三等奖	2014
32	李先庭,等	民用建筑供暖通风与空气调节设计规范	华夏建设科学技术奖一等奖	2014
33	莫金汉	—	SRT 优秀指导教师一等奖	2015
34	莫金汉	清华大学第三十三届"挑战杯"学生课外学术科技作品竞赛	优秀指导教师	2015
35	谢晓云,江亿	多段立式吸收式换热器	中国制冷学会科学技术奖二等奖	2015
36	付林,等	太原市集中供热专项规划(2013—2020)	山西省优秀城乡规划设计二等奖	2015
37	李先庭,等	天津站交通枢纽工程设计与施工新技术规程研究及工程示范	天津市科学技术进步奖二等奖	2015
38	张寅平,王馨,等	再生能源蓄能技术在低能耗建筑的应用研究	华夏建设科学技术奖二等奖	2015
39	刘晓华	铁路客站采暖空调技术综合利用及关键技术研究	中国铁道学会科学技术奖二等奖	2015
40	李晓锋,等	北京汽车产业研发基地用房	全国绿色建筑创新奖一等奖	2015
41	王宝龙,石文星,李先庭,等	夏热冬冷地区土壤源热泵耦合太阳能三联供集成技术研究与示范	河南省建设事业科学技术进步奖一等奖	2015

续表

序号	获奖人	项目/论文/竞赛名称	获奖等级	获奖时间
42	李晓锋,等	卧龙自然保护区都江堰大熊猫救护与疾病防控中心	全国绿色建筑创新奖一等奖	2015
43	赵彬	洁净技术	清华大学精品课程	2016
44	石文星,王宝龙	制冷与热泵装置	清华大学精品课程	2016
45	付林	全热回收的天然气高效清洁供热技术及应用	北京市科学技术奖一等奖	2016
46	付林	大型燃气蒸汽联合循环机组烟气余热深度回收技术研究及示范工程	中国电力科学技术进步奖二等奖	2016
47	付林	利用吸收式热泵回收烟气余热的集中供热系统	第四届北京市发明专利奖三等奖	2016
48	夏建军	一种用于城市集中供热的铜厂低品位余热回收系统	第十八届中国专利奖优秀奖	2016
49	夏建军	低品位工业余热应用于城镇集中供热技术	中国节能协会科技进步奖一等奖	2016
50	石文星	—	清华大学第十四届"良师益友特别奖"	—

学生获奖统计

序号	获奖人	项目/论文/竞赛名称	获奖等级	获奖时间
1	唐海达	—	高等学校人工环境学科奖一等奖	2012
2	翟上,李叶茂,谢瑛	第七届中国制冷空调行业大学生科技竞赛(华北赛区)暨2013年华北地区大学生制冷空调科技竞赛	总决赛一等奖(第一名);创新设计优秀奖(单项奖)	2013
3	安晶晶,陈慧,岳洋		本科生创新模块设计一等奖(第一名)	2013
4	陈慧,唐海达	第六届全国大学生节能减排社会实践与科技竞赛	一等奖	2013
5	安晶晶	—	高等学校人工环境学科奖二等奖	2013
6	唐海达,等3人	CAR-ASHREA学生设计竞赛	一等奖	2013

序号	获奖人	项目/论文/竞赛名称	获奖等级	获奖时间
7	柳珺,张春晖,项翔坚	第八届中国制冷空调行业大学生科技竞赛(华北赛区)暨2014年华北地区大学生制冷空调科技竞赛	总决赛一等奖(第一名);创新设计优秀奖(单项奖)	2014
8	纪文杰,耿阳,潘文彪		本科生创新模块设计一等奖(第一名)	2014
9	胡天乐,邬蒙可,刘畅		本科生创新模块设计一等奖(第二名)	2014
10	房钰航,田恩泽,关博文		本科生创新模块设计二等奖	2014
11	纪文杰,陈慧,霍佳龙	第七届全国大学生节能减排社会实践与科技竞赛	一等奖	2014
12	柳珺,张春晖,项翔坚		一等奖	2014
13	胡天乐,邬蒙可,刘畅		一等奖	2014
14	纪文杰,耿阳,潘文彪		二等奖	2014
15	胡天乐,赵真,潘文彪		二等奖	2014
16	柳珺	—	高等学校人工环境学科奖一等奖	2014
17	赵冶,等4人	CAR—ASHREA学生设计竞赛	三等奖	2014
18	刘效辰,肖儒,张小曼	第九届中国制冷空调行业大学生科技竞赛(华北赛区)暨2015年华北地区大学生制冷空调科技竞赛	总决赛二等奖;创新设计优秀奖(单项奖)	2015
19	孙弘历,张亦弛,都佳		本科生创新模块设计决赛一等奖	2015
20	卢地,杨意,陈忱		本科生创新模块设计决赛二等奖	2015
21	邓杰文,张婉妮,罗琴子		本科生创新模块设计决赛二等奖	2015

序号	获奖人	项目/论文/竞赛名称	获奖等级	获奖时间
22	潘瑾,吴序,叶紫,陈忱,钱明杨,朱茜儿	第八届全国大学生节能减排社会实践与科技竞赛	特等奖	2015
23	卢地,陈忱,杨意		一等奖	2015
24	刘效辰,肖儒,张小曼		二等奖	2015
25	何峻州,关博文,孙晓雨		二等奖	2015
26	林琳,施雨晨,孙佳琦		特等奖	2015
27	乐慧,艾华松,井洋,王嘉迪,姚孟辰		二等奖	2015
28	刘效辰	—	高等学校人工环境学科奖二等奖	2015
29	柳珺,王莹,耿阳,张宇	CAR－ASHREA学生设计竞赛	三等奖	2015
30	李凌杉,晋远,林琳	第十届中国制冷空调行业大学生科技竞赛(华北赛区)	总决赛一等奖(第一名);创新设计一等奖(单项奖)	2016
31	王昌,尹顺永,吴序		本科生"创新模块设计"一等奖(第一名)	2016
32	梁媚,张洋,赵月靖		本科生"创新模块设计"一等奖(第二名)	2016
33	周严,段思迪,杜瑞铭		本科生"创新模块设计"二等奖	2016
34	焦洋,何适	第四届"恩布拉科杯"中国制冷学会创新大赛	二等奖	2016
35	尹顺永,王昌,吴序		三等奖(总第5名)	
36	孙之炜	—	高等学校人工环境学科奖一等奖	2016
37	唐海达,薛斐,李克琳	第六届中国制冷空调行业大学生科技竞赛(华北赛区)	总决赛一等奖(第一名);创新设计优秀奖(单项奖)	—

同济大学

教师获奖统计

序号	获奖人	项目/论文/竞赛名称	获奖等级	获奖时间
1	张旭	国家电网公司上海世博会企业馆	中国建筑学会建筑设计一等奖（暖通空调）	2012
2	周翔	国家电网公司上海世博会企业馆	中国建筑学会建筑设计一等奖（暖通空调）	2012
3	高军	国家电网公司上海世博会企业馆	中国建筑学会建筑设计一等奖（暖通空调）	2012
4	苏醒	国家电网公司上海世博会企业馆	中国建筑学会建筑设计一等奖（暖通空调）	2012
5	李峥嵘	夏热冬冷地区建筑遮阳应用关键技术与示范	上海市科学技术奖三等奖	2014
6	谭洪卫	—	日本空调卫生工学会亚洲国际贡献奖	2014
7	周翔	节能减排大学生创新人才师承和课堂教学协同培养模式	同济大学教学成果奖三等奖	2015
8	刘东	公共建筑用能评估与诊断专家系统开发与应用	上海市科技进步奖二等奖	2015
9	周翔	大型公共建筑混合式通风节能设计方法与环境调控技术研究与应用	北京市科学技术奖二等奖	2015
10	李峥嵘	筑遮阳应用关键技术与推广	华夏建设科学技术奖一等奖	2015
11	高军	—	全国通风技术学术年会优秀论文	2015
12	高军	—	Ventilation 2015 国际学术会议 Best Poster	2015

序号	获奖人	项目/论文/竞赛名称	获奖等级	获奖时间
1	张静思	人工环境工程学科奖学金	国家级一等奖	2012
2	杨贺承	人工环境工程学科奖学金	国家级特等奖	2013
3	边长虎,等	全国大学生节能减排社会实践和科技竞赛	国家级二等奖	2013
4	郑顺,等	全国大学生节能减排社会实践和科技竞赛	国家级二等奖	2013
5	张国宇,等	全国大学生节能减排社会实践和科技竞赛	国家级三等奖	2013
6	吴少丹	CAR－ASHARE学生设计竞赛	国家级三等奖	2013
7	侯玉梅	CAR－ASHARE学生设计竞赛	国家级三等奖	2013
	李梦西	CAR－ASHARE学生设计竞赛	国家级三等奖	2013
8	刘志渊	CAR－ASHARE学生设计竞赛	国家级三等奖	2013
9	杜博文	全国大学生节能减排社会实践和科技竞赛	国家级三等奖	2014
10	黄晨皓	全国大学生节能减排社会实践和科技竞赛	国家级三等奖	2014
11	吴怡雯	全国大学生节能减排社会实践和科技竞赛	国家级三等奖	2014
12	郑顺	CAR－ASHARE学生设计竞赛	国家级一等奖	2014
13	杨晓风	CAR－ASHARE学生设计竞赛	国家级一等奖	2014
14	杨贺承	CAR－ASHARE学生设计竞赛	国家级一等奖	2014
15	武昭昕	CAR－ASHARE学生设计竞赛	国家级一等奖	2014
16	牟迪	人工环境工程学科奖学金	国家级一等奖	2015
17	涂书阳	CAR－ASHARE学生设计竞赛	国家级二等奖	2015
18	刘炜冬	CAR－ASHARE学生设计竞赛	国家级二等奖	2015
19	杜博文	CAR－ASHARE学生设计竞赛	国家级二等奖	2015
20	王婷	CAR－ASHARE学生设计竞赛	国家级二等奖	2015
21	门异宇	人工环境工程学科奖学金	国家级一等奖	2016
22	吴欢栋	全国大学生节能减排社会实践和科技竞赛	国家级三等奖	2016

续表

序号	获奖人	项目/论文/竞赛名称	获奖等级	获奖时间
23	张楠	全国大学生节能减排社会实践和科技竞赛	国家级三等奖	2016
24	张勤灵	全国大学生节能减排社会实践和科技竞赛	国家级三等奖	2016
25	常远	全国大学生节能减排社会实践和科技竞赛	国家级三等奖	2016
26	王鸿鑫	全国大学生节能减排社会实践和科技竞赛	国家级三等奖	2016
27	谢建彤	全国大学生节能减排社会实践和科技竞赛	国家级三等奖	2016
28	文瀚杰	全国大学生节能减排社会实践和科技竞赛	国家级三等奖	2016
29	游舒涵	全国大学生节能减排社会实践和科技竞赛	国家级三等奖	2016
30	邵樱子	全国大学生节能减排社会实践和科技竞赛	国家级三等奖	2016
31	涂书阳	第一届全国温湿度独立调节空调系统设计大赛	国家级一等奖	2016
32	张国宇	第一届全国温湿度独立调节空调系统设计大赛	国家级一等奖	2016
33	单文宇	第一届全国温湿度独立调节空调系统设计大赛	国家级一等奖	2016
34	袁永莉	第一届全国温湿度独立调节空调系统设计大赛	国家级一等奖	2016

天津大学

学生获奖统计

序号	获奖人	项目/论文/竞赛名称	获奖等级	获奖时间
1	桑旦拉姆	大学生志愿者千乡万村环保科普活动	二等奖	2014
2	王菁	天津市普通高校大学数学竞赛	二等奖	2014
3	姜怡达	天津市第二届大学生创新与实践能力环境学科邀请赛	三等奖	2014
4	樊英硕	天津市大学生环境学科创新与实践能力邀请赛	二等奖	2014
5	赵殿卿	天津市大学生环境学科创新与实践能力邀请赛	三等奖	2014
6	王菁	中国大学生数学竞赛	天津赛区二等奖	2014
7	黄碧琴	第七届天津大学节能减排社会实践与科技创新	校级优秀奖	2015
8	孔文婕	天津大学英语写作比赛	特等奖	2015
9	张思轶	物理学术竞赛	二等奖	2015
10	张震勤	天津市第二届大学生创新与实践能力环境学科邀请赛	三等奖	2015
11	孔文婕	"外研社杯"全国英语写作大赛天津赛区	一等奖	2015
12	黄碧琴	天津市高校暖通制冷创新设计大赛—天津市"环保创意先锋奖"	特等奖	2015
13	霍心玥	天津市高校暖通制冷创新设计大赛—天津市"环保创意先锋奖"	特等奖	2015
14	赵文捷	天津市高校暖通制冷创新设计大赛—天津市"环保创意先锋奖"	特等奖	2015

序号	获奖人	项目/论文/竞赛名称	获奖等级	获奖时间
15	黄碧琴	"哈希"第十届全国环境友好科技竞赛	创意鼓励奖	2015
16	黄碧琴	第九届中国制冷空调行业大学生科技竞赛	三等奖	2015
17	霍心玥	第十届全国环境友好大赛	创意鼓励奖	2015
18	李辰	第四届绿色建筑创意全国邀请赛	优秀作品奖	2015
19	王菁	第四届绿色建筑全国创意邀请赛	优秀作品奖	2015
20	彭俊宸	绿色建筑创意全国邀请赛	优秀奖	2015
21	郭蕙心	第八届天津大学节能减排社会实践与科技竞赛	三等奖	2016
22	孔文婕	天津大学英语写作比赛	一等奖	2016
23	孔文婕	第四届英语配音大赛	三等奖	2016
24	陈嘉威	天津市第十一届高校暖通制冷创新设计大赛	优秀奖	2016
25	李辰	创青春天津市大学生创业大赛	铜奖	2016
26	李欣	天津市第十一届高校暖通制冷创新设计大赛	优秀奖	2016
27	王菁	天津市第十一届高校暖通制冷创新设计大赛	三等奖	2016
28	张震勤	天津市第二届大学生创新与实践能力环境学科邀请赛	三等奖	2016
29	陈嘉威	第十届中国制冷空调行业大学生科技竞赛	三等奖	2016
30	姜凌菲	第十四届 MDV 中央空调设计应用大赛	杰出设计奖	2016
31	陈嘉威	第十四届 MDV 中央空调设计应用大赛(学生组)	优秀设计奖	2016
32	杜澎磊	第二十四届"人环奖"	三等奖	2016
33	李欣	第十届中国制冷空调行业大学生科技竞赛	三等奖	2016

序号	获奖人	项目/论文/竞赛名称	获奖等级	获奖时间
34	连英辰	第十四届 MDV 中央空调设计应用大赛	杰出设计奖	2016
35	王夏晴	第十四届 MDV 中央空调设计应用大赛	杰出设计奖	2016
36	王菁	第十届中国制冷空调行业大学生科技竞赛	三等奖	2016
37	顾耀楠	第十四届 MDV 应用设计大赛	杰出设计奖	2016
38	郭蕙心	"荣威新能源"杯第九届全国大学生节能减排社会实践与科技竞赛	三等奖	2016
39	赵宇新	第十四届 MDV 应用设计大赛	优秀设计奖	2016
40	何婧涵	第十四届 MDV 应用设计大赛	优秀设计奖	2016
41	刘文宇	第十四届 MDV 应用设计大赛	专项二等奖	2016
42	彭俊宸	第十四届 MDV 应用设计大赛	优秀设计奖	2016
43	唐朝	第十四届 MDV 应用设计大赛	优秀设计奖	2016
44	赵文捷	全国高等院校 BIM 技能应用大赛	专项二等奖	2016
45	孔文婕	第五届绿色建筑创意全国邀请赛	优秀作品奖	2016

重庆大学

教师获奖统计

序号	获奖人	项目/论文/竞赛名称	获奖等级	获奖时间
1	徐伟,邹瑜,等	水源地源热泵高效应用关键技术研究与示范	华夏建设科学技术奖一等奖	2012
2	孙丽亨,杨建荣,等	城镇人居环境改善与保障综合科技研发与示范	华夏建设科学技术奖二等奖	2012
3	丁勇,李百战,等	重庆市国家机关办公建筑和大型公共建筑节能监管体系建设	华夏建设科学技术奖三等奖	2012

续表

序号	获奖人	项目/论文/竞赛名称	获奖等级	获奖时间
4	贺婷婷,李伟,等	巨型地下电站通风关键技术研究与应用	水力发电科学技术奖三等奖	2012
5	吴波,赵辉,等	重庆市江水源热泵建筑应用成套技术支撑体系开发及工程应用	重庆市科学技术奖科技进步奖二等奖	2012
6	吴波,李百战,等	重庆市国家机关办公建筑和大型公共建筑节能监管体系建设	重庆市科学技术奖科技进步奖三等奖	2012
7	李百战,王清勤,等	建筑室内热环境的理论与绿色营造方法及其工程应用	重庆市科学技术奖科技进步奖一等奖	2014
8	徐伟,张家平,等	《绿色工业建筑评价标准》(GB/T 50878—2013)	华夏建设科学技术奖二等奖	2015
9	袁艳平,肖益民,等	地下空间热湿环境与安全关键技术及应用	中国制冷学会科学技术奖一等奖	2015
10	吴波,廖袖锋,等	基于全寿命周期的绿色建筑成套评价体系研究与应用示范	重庆市科学技术奖科技进步奖三等奖	2015
11	何叶从,陈传国,等	地下建筑空调排风热回收用间接蒸发冷却器关键技术	湖南省技术发明奖三等奖	2015

陆军工程大学

教师获奖统计

序号	获奖人	项目/论文/竞赛名称	获奖等级	获奖时间
1	耿世彬	内部空气质量保障技术研究	军队科技进步奖二等奖	2013
2	耿世彬	通风给排水快速反应技术研究	军队科技进步奖二等奖	2013
3	张华	高原寒区分布式能源技术研究	军队科技进步奖二等奖	2013
4	范良凯	数字一体化平台研究	军队科技进步奖三等奖	2013
5	缪小平	基于军队通信网络的参数维护系统	军队科技进步奖三等奖	2013
6	茅靳丰	工程火灾探测技术研究	军队科技进步奖二等奖	2014
7	张华	常态化管理节能降耗关键技术研究	军队科技进步奖三等奖	2014

序号	获奖人	项目/论文/竞赛名称	获奖等级	获奖时间
8	王晋生	口部隐身与综合伪装技术	军队科技进步奖三等奖	2014
9	耿世彬,韩旭	首脑工程战场生存与保障关键技术研究	国家科技进步奖二等奖	2014
10	茅靳丰	通风管道智能清洗机器人研究	军队科技进步奖二等奖	2015
11	范良凯	节能除湿技术	军队科技进步奖三等奖	2015
12	耿世彬,韩旭	重大地铁站热湿环境调控及"地铁老线"升级换代通风空调关键技术	住建部科技奖一等奖	2015
13	耿世彬	地铁与人防工程空气环境保障关键技术与应用	教育部技术发明奖二等奖	2015
14	茅靳丰	地下空间热湿环境与安全关键技术及应用	中国制冷学会科技进步奖一等奖	2015
15	缪小平	悬索桥主缆除湿系统关键技术研究	中国公路学会科技进步奖一等奖	2015
16	韩旭	密闭隔绝生存空气环境保障关键技术与装置研究	军队科技进步奖二等奖 军队科技进步奖二等奖	2016
17	茅靳丰	地下空间热湿环境与安全关键技术及应用	四川省科技进步奖一等奖	2016
18	彭福胜	海南省人防 028 工程	人民防空工程优秀设计奖一等奖	2016
19	韩旭	城市地下空间内部环境设计标准	获评建筑行业标准	2016
20	耿世彬	江苏省人防工程维护管理技术规程与质量评定标准	通过省人防办审查	2016

东华大学

教师获奖统计

教师获奖统计

序号	获奖人	项目/论文/竞赛名称	获奖等级	获奖时间
1	周亚素,等	具有纺织行业特色的建筑环境与设备工程专业创新型人才培养模式探索	中国纺织工业联合会教学成果二等奖	2013
2	沈恒根,等	本科教育与执业注册知识体系衔接培养方案研究及在建筑环境与能源应用工程专业中实施应用	中国纺织工业联合会教学成果二等奖	2017
3	周亚素,等	基于工程教育专业认证理念的建筑环境与能源应用工程专业人才培养体系探索与实践	中国纺织工业联合会教学成果三等奖	2017

湖南大学

教师获奖统计

序号	获奖人	获奖等级	获奖时间
1	龚光彩	湖南省科技进步奖二等奖	2004
2	张国强	湖南省科技进步奖二等奖	2006
3	陈友明	湖南省科技进步奖二等奖	2006
4	陈友明	教育部科技进步奖一等奖	2007
5	陈友明	教育部自然科学奖二等奖	2008
6	龚光彩	中国机械工业科学技术奖二等奖	2009
7	龚光彩	湖南省科技进步奖二等奖	2009
8	张泉	湖南省科技进步奖二等奖	2016

序号	获奖人	项目/论文/竞赛名称	获奖等级	获奖时间
1	卓思文	第九届 MDV 设计大赛	全国决赛杰出设计奖	2011
2	项琳琳	第十届 MDV 设计大赛	全国决赛杰出设计奖	2012
3	吴昊,王铭	第十一届 MDV 设计大赛	全国决赛杰出设计奖	2013
4	林立春,罗鹏举	第十二届 MDV 设计大赛	全国决赛杰出设计奖	2014
5	伍志斌,贾素素	第十三届 MDV 设计大赛	全国决赛杰出设计奖	2015
6	黄晨昱,连进步,卢艺	第四届恩布拉科杯中国制冷学会创新大赛	优秀奖	2016
7	史佳敏,宋升,张艳	大金空调杯制冷比赛	国家级三等奖	2016
8	孙颖,李娜,王岑	第十四届 MDV 设计大赛	全国决赛杰出设计奖	2016
9	黄晨昱,连进步,邓孟秋,卢艺,赵鹏程	"神雾杯"第十届全国大学生节能减排社会实践与科技竞赛	国家级二等奖	2017
10	夏童玲,常丽娜,方雪苗	第十五届 MDV 设计大赛	全国决赛杰出设计奖	2017
11	何森,陈思宇,伍燕姿,吴馨雅	第十六届 MDV 设计大赛	全国决赛杰出设计奖	2018
12	汪泳思,黄晨昱,张凤霖,刘倩楠	第十六届 MDV 设计大赛	全国决赛设计达人奖	2018

西安建筑科技大学

教师获奖统计

序号	获奖人	项目/论文/竞赛名称	获奖等级	获奖时间
1	李安桂	空气调节	国家级一流本科课程	2020
2	李安桂	建筑环境与能源应用工程	国家级特色专业	2009

序号	获奖人	项目/论文/竞赛名称	获奖等级	获奖时间
3	李安桂	大型水电工程地下洞室热湿环境调控关键技术、系列产品研发及应用	国家发明二等奖	2012
4	李安桂	地铁环境保障与高效节能关键技术创新及应用	国家发明二等奖	2016
5	李安桂	建筑环境与能源应用工程	省级特色专业	2008
6	李安桂	空气调节	省级精品课程	2009
7	张鸿雁	流体力学	陕西省精品资源共享课	2012
8	赵蕾	工程热力学	陕西省精品资源共享课	2013
9	李安桂	扎根西北，面向国家战略需求，创新建筑环境专业人才培养模式的改革与实践	陕西省教学成果奖一等奖	2017
10	李安桂	提高行业特色高校建筑环境与设备专业工程应用型本科人才实践能力的探索与实践	陕西省教学成果奖二等奖	2013
11	李安桂	依托重点学科群，建设高水平的建筑环境与设备工程专业	陕西省教学成果奖二等奖	2009
12	连之伟	面向21世纪建筑环境与设备工程专业教学改革实践	陕西省教学成果奖一等奖	2001
13	李安桂	丝排及网状元件自然对流换热与新型辐射供暖技术的机理与应用	陕西省科学技术奖二等奖	2000
14	王怡	黄土高原绿色窑洞民居建筑研究	华夏建设科学技术奖一等奖	2005
15	李安桂	糯扎渡电站地下厂房岩石热物理性质和热工状态研究	三等奖	2005
16	王怡	陕北乡村零能耗居住建筑研究	陕西省科学技术奖二等奖	2006
17	王怡	西部生态民居建筑理论及应用研究	陕西省科学技术奖二等奖	2008

序号	获奖人	项目/论文/竞赛名称	获奖等级	获奖时间
18	李安桂	黄河流域大型地下水电工程厂房洞室群通风空调设计理论与技术	陕西省科学技术奖二等奖	2011
19	王怡	西藏高原低能耗太阳能建筑研究与应用	陕西省科学技术奖一等奖	2012
20	李安桂	水电工程大型地下洞室的热湿环境调控关键技术	"中国建研院 CABR 杯"华夏建设科学技术奖一等奖	2012
21	李安桂	地下空间除湿/通风空调理论、节能降耗关键技术及系列产品开发	陕西省科学技术奖	2012
22	李安桂	大型水电工程地下厂房热湿环境保障技术装备研发及工程应用	2011 年度高等学校科学研究优秀成果奖(科学技术)科技进步奖二等奖	2012
23	李安桂	大型水电工程地下洞室热湿环境调控关键技术、系列产品研发及应用	国家发明奖二等奖	2012
24	王怡	高炉出铁场烟尘控制关键技术研究与应用	中国钢铁工业协会、中国金属学会冶金科学技术奖三等奖	2012
25	王怡	低能耗建筑通风设计关键技术研究与应用	陕西省科学技术奖一等奖	2013
26	李安桂	重大地铁站热湿环境调控及"地铁老线"升级换代通风空调关键技术	"中国城市规划设计研究院 CAUPD 杯"华夏建设科学技术奖一等奖	2015
27	李安桂	新建及既有地铁与人防工程空气环境保障关键技术与应用	2014 年度高等学校科学研究优秀成果奖(科学技术)技术发明奖一等奖	2015
28	刘艳峰	青藏高原近零能耗建筑设计关键技术与应用	2015 年度高等学校科学研究优秀成果奖一等奖	2016
29	王怡	大型工业建筑环境质量提升与节能关键技术	中国钢结构协会科学技术奖一等奖	2019
30	王怡	高污染工业建筑高效环境控制关键技术与工程应用	中冶集团科学技术奖科技进步奖二等奖	2019

序号	获奖人	项目/论文/竞赛名称	获奖等级	获奖时间
31	刘艳峰	西北地区高效太阳能供暖共性关键技术创新及应用	陕西省科学技术奖二等奖	2019
32	李安桂	地下隧道及洞库环境安全保障关键技术研发与应用	华夏建设科学技术奖一等奖	2020
33	刘艳峰	西藏高原可再生能源供暖关键技术创新与应用	西藏自治区科学技术奖一等奖	2020

学生获奖统计

序号	获奖人	项目/论文/竞赛名称	获奖等级	获奖时间
1	姚萱,贺肖杰,等	全国大学生节能减排社会实践与科技竞赛	高等教育司三等奖	2015
2	张德禹,等	全国大学生节能减排社会实践与科技竞赛	高等教育司三等奖	2015
3	张鹏宇,等	全国大学生节能减排社会实践与科技竞赛	高等教育司三等奖	2016
4	张德禹,等	全国大学生节能减排社会实践与科技竞赛	高等教育司三等奖	2016
5	张文榕,等	高层建筑楼梯井防烟系统	环境友好科技竞赛二等奖	2015
6	胡瑞柱,等	基于太阳能的新型水—空气双热源式热泵及热水系统研究与应用实践	国际节能环保协会、华南理工大学、广东省吴小兰慈善基金会三等奖	2015
7	赵安琪,等	西安宜行新能源汽车充电桩有限责任公司	西安高新"创青春"陕西省大学生创业大赛银奖	2016
8	袁晨升,等	领航 app	中国"互联网＋"大学生创新创业大赛陕西赛区二等奖	2016
9	彭格辛睿,等	中国能源联盟创新服务项目	中国"互联网＋"大学生创新创业大赛陕西赛区二等奖	2016

序号	获奖人	项目/论文/竞赛名称	获奖等级	获奖时间
10	孙瑞基,等	LNG 公交车创新节能制冷系统	中国制冷空调协会一等奖	2016
11	张德禹,来婷,等	一种适用于人员密集区的高效能、低耗能护栏送风系统	全国环境友好科技竞赛二等奖	2016
12	周传	沈阳建筑大学图书馆	第一届华春杯 BIM 技术应用大赛二等奖	2017
13	李泽然	梦筑华夏——开封大学主教学楼及其副楼整体规划	第一届华春杯 BIM 技术应用大赛三等奖	2017
14	刘凯凯,等	应用于建筑构件通道中的安全逃生系统	第三届陕西省研究生创新成果展三等奖	2017
15	徐尹月,等	空气净化器测评与预测优化系统	第三届"建行杯"中国"互联网＋"大学生创新创业大赛三等奖	2017

山东建筑大学

教师获奖统计

序号	获奖人	项目/论文/竞赛名称	获奖等级	获奖时间
1	张浩	绿色建筑环境热质传递协同研究	山东省研究生优秀科技创新成果奖三等奖	2016
2	崔萍	第三届山东省高校青年教师教学比赛	三等奖	2016
3	雷文君	第八届全国建筑信息模型（BIM）应用技能大赛	《绿色建筑分析专项》专项优秀指导奖	2017
4	刘乃玲	"第 15 届 MDV 中央空调设计应用大赛"（学生组）	优秀设计奖	2017
5	曲云霞,张林华,崔萍,刘乃玲,等	山东省教学成果奖	二等奖	2018

序号	获奖人	项目/论文/竞赛名称	获奖等级	获奖时间
6	李永安	山东省制冷空调设计大赛	一等奖	2018
7	杨勇	第七届山东省大学生"富士通"杯制冷空调创新设计大赛	二等奖	2018
8	徐琳	CAR－ASHRAE 设计竞赛	优秀奖	2018
9	崔萍,张浩,云和明,杨开敏,杨勇	"全国高等学校人工环境学科奖"专业基础竞赛	二等奖	2018
10	杨勇	山东省大学生制冷空调创新设计大赛	二等奖	2019
11	毛煜东	第六届山东省高校青年教师教学比赛	二等奖	2019.12
12	庄兆意	第一届全国建筑环境与能源应用工程专业青年教师讲课技能竞赛	二等奖	2019.11
13	杨勇	CAR－ASHRAE 学生设计竞赛	三等奖	2019

华中科技大学

学生获奖统计

序号	获奖人	项目/论文/竞赛名称	获奖等级	获奖时间
1	邓月光	第十四届人工环境工程学科奖学金	二等奖	2006 年
2	吴伟	第十七届人工环境工程学科奖学金	二等奖	2009 年
3	卢春方,陈进,朱求源,刚文杰	第一届全国 CAR－ASHRAE 空调学生设计竞赛	三等奖	2009 年
4	邹立成,吴丹,彭建斌,张冲	第二届全国 CAR－ASHRAE 空调学生设计竞赛	一等奖	2010 年
5	周帅,林炎顷,何泰隆	第七届中国制冷空调行业大学生科技竞赛	三等奖	2013 年

中原工学院

教师获奖统计

序号	获奖人	项目/论文/竞赛名称	获奖等级	获奖时间
1	周光辉	工科研究生两段式培养模式的研究与实践	省级一等奖	2010
2	何大四，连之伟，等	空调系统新风节能技术研究	河南省教育厅科研成果二等奖	2011
3	杨瑞梁，周义德，等	纺织高湿车间新型节能送风方式研究	中国纺织工业协会科学技术奖三等奖	2011
4	周义德，杨瑞梁，等	纺织空调除尘节能技术	中国纺织工业协会科学技术奖三等奖	2012
5	郭淑青，董向元，张定才，朱彩霞，马富芹，郑慧凡	工程热力学课程现代教育技术应用的研究与实践	校级二等奖	2013
6	周光辉，杨磊，朱彩霞，张定才，段学军，秦贵棉，刘寅	建筑环境与设备工程国家特色专业建设模式研究与实践	省级一等奖	2013
7	周光辉，刘寅，等	太阳能—空气—地能复合热泵关键技术研究与产品开发	河南省科技进步奖二等奖	2013
8	朱彩霞，杨瑞梁，等	高效节能万向混流空气分布器研制与开发	河南省科技进步奖三等奖	2013
9	刘寅，周光辉，等	带热回收装置型地源热泵中央空调的研究	河南省建设科技进步奖一等奖	2014
10	于海龙，郭淑青，等	淀粉加工企业系统节能环保关键技术研究	河南省建设科技进步奖一等奖	2014
11	于海龙，朱彩霞，等	淀粉加工企业系统节能环保关键技术研究	河南省科技进步奖三等奖	2014

序号	获奖人	项目/论文/竞赛名称	获奖等级	获奖时间
12	王方,李志强,范晓伟	"LNG冷能利用空调装置"第二届河南省大学生制冷空调科技竞赛指导教师	省级一等奖	2015
13	王方,范晓伟	"LNG冷能利用空调系统"河南省第十二届"挑战杯"大学生课外学术科技竞赛指导教师	省级三等奖	2015
14	中原工学院	全国高等学校人工环境学科基础知识竞赛	国家级优秀组织奖	2015
15	郑慧凡,范晓伟,等	多喷射器太阳能供冷设备的研发	河南省教育厅科技进步奖一等奖	2015
16	王方,范晓伟,等	CO_2/HFC混合工质热泵机组研制	河南省教育厅科技成果奖二等奖	2015
17	郑慧凡,范晓伟,等	多喷射器太阳能供冷设备的研发	河南省科技进步奖二等奖	2015

广州大学

教师获奖统计

序号	获奖人	项目/论文/竞赛名称	获奖等级	获奖时间
1	丁云飞	—	第二批市属高校教学名师	2014

学生获奖统计

序号	获奖人	项目/论文/竞赛名称	获奖等级	获奖时间
1	夏可超	第十九届人工环境工程学科奖学金	二等奖	2011
2	梁俊文	第九届MDV中央空调设计应用大赛	杰出设计奖	2011

序号	获奖人	项目/论文/竞赛名称	获奖等级	获奖时间
3	黄茂,萧雁宾	第三届"亚龙杯"大学生智能建筑工程实践技能竞赛	三等奖	2011
4	陈森华	第九届 MDV 中央空调设计应用大赛	优秀设计奖	2011
5	卢佑波	第十届 MDV 中央空调设计应用大赛	一等奖	2012
6	萧雁宾,刘仕科	第四届"亚龙杯"全国大学生智能建筑工程实践技能竞赛	二等奖	2012
7	卢佑波,黎敏婷,夏可超	"格力杯"第六届中国制冷空调行业大学生科技竞赛(华南地区)	三等奖	2012
8	蒋仁娇,唐珊	第三届"恒星"中央空调节能设计大赛	一等奖	2012
9	张爱君	第三届"恒星"中央空调节能设计大赛	二等奖	2012
10	俞帅	第二十届人工环境工程学科奖学金	二等奖	2012
11	郑林涛	第十一届 MDV 中央空调设计应用大赛	设计达人奖	2013
12	周赛华	第二十一届人工环境工程学科竞赛	一等奖	2013
13	黄华锟,戎晓林	第五届"亚龙杯"全国大学生智能建筑工程实践技能竞赛	三等奖	2013
14	高旭聪	第四届"恒星"空调制冷节能设计大赛	一等奖	2013
15	罗少良	淮安某国际酒店暖通空调工程设计	毕业设计创新三等奖	2013
16	郑珍珠,周赛华,范济荣	"美的杯"第七届中国制冷空调行业大学生科技竞赛(华南地区)	三等奖	2013
17	郑林涛,罗嘉联	第十二届 MDV 中央空调设计应用大赛	优秀设计奖	2014

序号	获奖人	项目/论文/竞赛名称	获奖等级	获奖时间
18	陈立章,黄华锟,王陆涛	"比泽尔杯"第七届中国制冷空调行业大学生科技竞赛(华南地区)	三等奖	2014
19	郑珍珠	北京市某法院办公大楼空调工程设计	毕业设计创新三等奖	2014
20	范济荣,麦伟仪,陈立章,王陆涛	CAR—ASHRAE学生设计竞赛	入围奖	2014
21	梁玉莹	淮南体育文化中心暖通空调工程方案设计	毕业设计创新二等奖	2015
22	张众杰,陈泽怿	全国中,高等院校学生"斯维尔杯"建筑信息模型(BIM)应用技能大赛	全能奖二等奖	2015

北京工业大学

教师获奖统计

序号	获奖人	项目/论文/竞赛名称	获奖等级	获奖时间
1	李炎锋,杜修力,薛素铎,高向宇,樊洪明	地方院校土建类专业实践教学体系构建与学生工程素质培养的研究与实践	北京市优秀教育教学成果一等奖	2013
2	赵耀华,全贞花,刁彦华	新型功能型热导材料及其高效热控系统	第十五届中国国际工业博览会一等奖	2013
3	赵耀华,全贞花,刁彦华	新型太阳能高效热利用技术的研发与产业化	北京市科学技术奖一等奖	2014
4	刘加平,谢静超	构建北京市建筑节能体系的关键技术研究与应用	北京市科学技术奖三等奖	2014
5	陈超	太阳能—相变蓄热日光温室新技术应用示范及其关键技术	第八届北京发明创新奖	2014
6	李炎锋	农村建筑防火与抗火技术研究与示范	华夏建设科学技术奖三等奖	2014

序号	获奖人	项目/论文/竞赛名称	获奖等级	获奖时间
7	赵耀华,全贞花,刁彦华	北京市第八届发明创新大赛	金奖	2014

学生获奖统计

序号	获奖人	项目/论文/竞赛名称	获奖等级	获奖时间
1	朱婷婷	第五届全国大学生节能减排社会实践与科技竞赛	三等奖	2012
2	盖轶静	第五届全国大学生节能减排社会实践与科技竞赛	三等奖	2012
3	张 成	第五届全国大学生节能减排社会实践与科技竞赛	三等奖	2012
4	王宇娇	第六届全国大学生节能减排社会实践与科技竞赛	三等奖	2013
5	王新如	第六届全国大学生节能减排社会实践与科技竞赛	三等奖	2013
6	程作	第七届全国大学生节能减排社会实践与科技竞赛	一等奖	2014
7	白晓夏	第七届全国大学生节能减排社会实践与科技竞赛	二等奖	2014
8	邱珊珊	第八届全国大学生节能减排社会实践与科技竞赛	一等奖	2015
9	王泽宇	第八届全国大学生节能减排社会实践与科技竞赛	二等奖	2015

沈阳建筑大学

教师获奖统计

序号	获奖人	项目/论文/竞赛名称	获奖等级	获奖时间
1	李刚	太阳能辅热相变蓄能火炕供暖系统实验研究	省政府自然科学学术奖三等奖	2016
2	于水	*The Transient Simulation of Carbon Dioxide Emission from Human Body Based on CONTAM*	省政府自然科学学术奖三等奖	2016
3	冯国会	北方农村住宅能源系统优化集成技术研究与应用	沈阳市科技进步奖二等奖	2016
4	于靓	辽东湾新区低碳生态规划技术研究	国家级行业协会（或学会）奖励	2016
5	于靓	昌图县马仲河滨水区控制性详细规划	国家级行业协会（或学会）奖励	2016
6	黄凯良	*Indoor air quality analysis of residential buildings in northeast China based on field measurements and longtime monitoring*	省政府自然科学奖一等奖	2019
7	刘馨	中国北方典型城市既有非节能居住建筑节能改造效果研究	省政府自然科学奖三等奖	2019

南京工业大学

学生获奖统计

序号	获奖人	项目/论文/竞赛名称	获奖等级	获奖时间
1	张威	第十二届"挑战杯"全国大学生课外学术科技作品竞赛江苏赛区（省级）	特等奖	2011
2	张威	第十二届"挑战杯"全国大学生课外学术科技作品竞赛（国家级）	二等奖	2011
3	赵冬	第十三届"挑战杯"全国大学生课外学术科技作品竞赛（国家级）	一等奖	2013
4	张维维	第七届全国大学生节能减排社会实践与科技竞赛（国家级）	三等奖	2014
5	张维维,周沁宇,陈礼伟	第八届全国大学生节能减排社会实践与科技竞赛（国家级）	二等奖	2015
6	张维维	第十四届"挑战杯"全国大学生学术科技作品竞赛（国家级）	三等奖	2015
7	张维维	第十四届"挑战杯"全国大学生学术科技作品竞赛（国家级智慧城市专项赛）	三等奖	2015
8	张维维,周沁宇,陈礼伟	第十四届"挑战杯"江苏省大学生课外学术科技作品竞赛	三等奖	2015
9	张维维,胡江北,朱琴,夏乐天	第九届全国大学生节能减排社会实践与科技竞赛	一等奖	2016
10	苗文筱	第二十四届"全国高等学校人工环境学科奖"专业基础竞赛	入围奖	2016
11	张译文,王天翼,朱雨彤	江苏省第三届暖通空调设计大奖赛	三等奖	2016

长安大学

学生获奖统计

序号	获奖人	项目/论文/竞赛名称	获奖等级	获奖时间
1	姜方,于娜,梁草茹,杨杰	CAR－ASHRAE 学生设计竞赛	入围奖	2013
2	赵美杨,何宾旺,李坤,高崇丹	第九届"挑战杯"陕西省大学生课外学术作品竞赛	二等奖	2013
3	赵润青,赵磊,屈长杰	"海尔中央空调杯"第七届中国制冷空调行业大学生科技竞赛(西部赛区)	二等奖	2013
4	邱爱杰,任江伟,冯俊涛,申思	CAR－ASHRAE 学生设计竞赛	入围奖	2014
5	王沂萌	美的 MDV 空调设计大赛	优秀奖	2015
6	赵润青,邹颖,戴骏,钱叶	CAR－ASHRAE 学生设计竞赛	入围奖	2015
7	孙文,张明蕊,姚嘉	"海尔中央空调杯"第九届中国制冷空调行业大学生科技竞赛(西部赛区)	三等奖	2015
8	刘雨佳	美的 MDV 空调设计大赛	优秀奖	2016
9	沈童,赵盼	第二届陕西省互联网＋大学生创新创业大赛	银奖	2016
10	孙斌,孟庆珂,唐瑞	"天加空调杯"第十届中国制冷空调行业大学生科技竞赛(西部赛区)	三等奖	2016
11	孙文,高榕,张明蕊,俞灿伟	CAR－ASHRAE 学生设计竞赛	优秀奖	2017
12	孙斌,李欣雨,路凯文,唐瑞	CAR－ASHRAE 学生设计竞赛	优秀奖	2017

吉林建筑大学

学生获奖统计

序号	获奖人	项目/论文/竞赛名称	获奖等级	获奖时间
1	周吾波,卢海江	第十三届 MDV 中央空调设计应用大赛	二等奖	2015
2	周吾波	第五届龙图杯 BIM 大赛	二等奖	2015
3	周吾波,刘鑫宇	第十四届 MDV 中央空调设计应用大赛	三等奖	2016
4	李御锋,邓兰西,王志强	第十届全国大学生先进成图技术与产品信息建模创新大赛	一等奖	2017
5	李梦溪,徐倩	全国高等院校 BIM 应用技能比赛	二等奖	2017
6	谭慧琳,田厚宽	第十五届 MDV 中央空调设计应用大赛	二等奖	2017
7	李御锋,杨威	第十五届 MDV 中央空调设计应用大赛	三等奖	2017
8	索雨麦	CAR－ASHRAE学生设计竞赛	三等奖	2017
9	杜瑞	第七届龙图杯 BIM 大赛	二等奖	2018
10	索雨,谭慧琳,田厚宽	"天加环境科技杯"第十二届中国制冷空调行业大学生科技竞赛	二等奖	2018
11	赵辉超,张文静,牛梦涵	第十一届全国大学生节能减排社会实践与科技竞赛	二等奖	2018
12	姜殿伟,曹东旭,康凯龙,刘昂,李洋洋	第十一届全国大学生节能减排社会实践与科技竞赛	三等奖	2018

青岛理工大学

教师获奖统计

序号	获奖人	项目/论文/竞赛名称	获奖等级	获奖时间
1	罗思义，郭健翔，等	—	山东高等学校优秀科研成果奖三等奖	2014
2	刘国丹，胡松涛，李绪泉，王刚，王海英，施志钢	海水－污水双源热泵系统的应用研究	青岛市科技进步奖三等奖	2015

学生获奖统计

序号	获奖人	项目/论文/竞赛名称	获奖等级	获奖时间
1	闫倩婷，等	CAR－ASHARE 设计竞赛	全国二等奖单项奖（施工图优秀奖）	2016
2	张鹏	第二十四届全国高等学校人工环境学科奖专业基础竞赛	国家三等奖	2016
3	李晓萌，等	第十届全国大学生网络商务创新应用大赛	国家二等奖	2017
4	王明卿，等	"神雾杯"第十届全国大学生节能减排社会实践与科技竞赛	国家三等奖	2017
5	毛宏智	第二十五届全国高等学校人工环境学科奖专业基础竞赛	国家三等奖	2017
6	李晓萌，等	第二届全国大学生"高校联盟"护水方案	国家优秀方案奖	2017
7	王明卿	第二十六届全国高等学校人工环境学科奖专业基础竞赛	国家二等奖	2018
8	陈煜，等	"东风汽车杯"第十一届全国大学生节能减排社会实践与科技竞赛	国家三等奖	2018

续表

序号	获奖人	项目/论文/竞赛名称	获奖等级	获奖时间
9	孙锐,等	海信日立新产品新应用应用奖	(暖通空调杂志社等主办)学生组一等奖	2018
10	毛宏智,等	海信日立新产品新应用应用奖	(暖通空调杂志社等主办)学生组三等奖	2018

中南大学

教师获奖统计

序号	获奖人	项目/论文/竞赛名称	获奖等级	获奖时间
1	杨培志	环保型高温水源热泵机组关键技术研究与应用	湖南省科学技术进步奖三等奖	2016
2	刘蔚巍	人体热舒适机理	中国环境科学学会第十届青年科技奖	2016
3	刘蔚巍	"捉影布风"——基于视频动态识别技术的空调环境智能控制器	全国节能减排科技竞赛一等奖	2018

学生获奖统计

序号	获奖人	项目/论文/竞赛名称	获奖等级	获奖时间
1	崔梦迪,胡在伟,黎艳,梁希克,张嘉玮	第十五届 MDV 中央空调设计应用大赛	省级杰出奖	—
2	穆婷,游迷熵,薛宇	第十五届 MDV 中央空调设计应用大赛	省级优秀奖	—
3	李真,朱艳君,念洛竹	第十一届中国制冷空调行业大学生科技竞赛	国家级三等奖	—
4	尹佳雯	全国高等学校人工环境学科奖	国家级三等奖	—
5	朱艳君	全国高等学校人工环境学科奖	国家级入围奖	—

序号	获奖人	项目/论文/竞赛名称	获奖等级	获奖时间
6	许昕勃,刘艺,瞿思戎	全国大学生节能减排竞赛	一等奖	—
7	陈璐	全国大学生节能减排竞赛	三等奖	—

西安交通大学

教师获奖统计

序号	获奖人	项目/论文/竞赛名称	获奖等级	获奖时间
1	王沣浩	《空调工程》,J－2008－3－77－R04,科研成果	中国纺织工业协会科学技术进步奖	2008
2	顾兆林	特殊介质能量系统热泵节能的理论、关键技术及应用研究,科研成果	陕西省科学技术奖二等奖	2009
3	王沣浩	城市微气候控制关键技术研究与应用	陕西省土木建筑科学技术奖一等奖	2013
4	王沣浩	城市微气候控制关键技术研究与应用	陕西省科学技术奖二等奖	2014

学生获奖统计

序号	获奖人	项目/论文/竞赛名称	获奖等级	获奖时间
1	徐晗,等	关中新农村建设的适宜模式研究——以长安区新南村为例	大学生挑战杯科技竞赛获陕西省二等奖	2007
2	安恒亮,等	济南市某高校图书馆暖通空调设计	全国 CAR－ASHRAE 学生设计竞赛入围奖及陕西高校暖通空调专业优秀毕业设计三等奖	2011
3	田春,等	中国制冷空调行业大学生科技竞赛(西部赛区)	一等奖	2013

序号	获奖人	项目/论文/竞赛名称	获奖等级	获奖时间
4	贺晓,等	淮安某国际酒店暖通空调系统设计	CAR－ASHRAE 学生设计竞赛入围奖和陕西高校暖通空调专业优秀毕业设计二等奖	2013
5	贾过圣,罗长贵,刘铭,等	中国制冷空调行业大学生科技竞赛(西部赛区)	三等奖	2014
6	刘铭,等	淮南体育文化中心比赛馆空调系统设计	第十三届 MDV 中央空调设计应用大赛学生组优秀设计奖	2015

兰州交通大学

教师获奖统计

序号	获奖人	项目/论文/竞赛名称	获奖等级	获奖时间
1	孙三祥	污水速分生物处理技术与工程应用研究	甘肃省科技进步奖二等奖	2011
2	张周卫	液化天然气(LNG)低温过程控制装置研究	甘肃省第二届大学生创业计划大赛一等奖	2011
3	张周卫	带相变制冷的螺旋缠绕管式低温换热器	甘肃省第二届大学生创业计划大赛二等奖	2011
4	王烨	以创新型人才培养为目标的水泵与水泵站课程教学改革与实践研究	甘肃省教学成果奖	2012
5	杨庆	甘肃省民用建筑与太阳能热水系统一体化设计规程	甘肃省建设科技进步奖二等奖	2012
6	张周卫	优秀指导教师	甘肃省优秀指导教师二等奖	2013
7	刘建林	甘肃省村镇集雨饮用水安全保障适用技术研究	甘肃省科学技术进步奖二等奖	2014

序号	获奖人	项目/论文/竞赛名称	获奖等级	获奖时间
8	张周卫	"创青春"全国大学生创业大赛	创业实践挑战赛指导教师银奖	2014
9	孙三祥	青藏高原特殊地质环境下单线特长铁路隧道施工技术	西藏自治区科技进步奖三等奖	2014

学生获奖统计

序号	获奖人	项目/论文/竞赛名称	获奖等级	获奖时间
1	杨智超	人环奖专业基础竞赛	优秀奖	2011
2	曹胜民	人环奖专业基础竞赛	三等奖	2012
3	师文安,伍小莉,张苗苗	第七届中国制冷空调行业大学生科技竞赛	省级一等奖(团队)	2013
4	母国宁,杨凤兰,常鹏波	第八届中国制冷空调行业大学生科技竞赛	省级三等奖(团队)	2014
5	常鹏波,赵婷婷,杨凤兰,王飞	第十二届 MDV 中央空调设计应用大赛	全国优秀奖(团队)	2014
6	刘培刚,王园园,张晓霞	第九届中国制冷空调行业大学生科技竞赛	省级三等奖(团队)	2015

大连理工大学

教师获奖统计

序号	获奖人	项目/论文/竞赛名称	获奖等级	获奖时间
1	舒海文	学校教学质量奖	优良奖	2012
2	赵金玲	学校教学质量奖	优良奖	2012 2013 2015 2016

续表

序号	获奖人	项目/论文/竞赛名称	获奖等级	获奖时间
3	王树刚	学校教学质量奖	优良奖	2012 2013 2014 2015
4	端木琳	学校教学质量奖	优良奖	2013 2014 2015
5	赵金玲	学校教学质量奖	优秀奖	2014
6	张吉礼	学校教学质量奖	优良奖	2014
7	马志先	学校青年教师讲课竞赛	二等奖	2014
8	王树刚	辽宁省首届大学生创新创业年会	优秀指导教师	2014
9	赵金玲	第七届全国大学生节能减排社会实践与科技竞赛	优秀指导教师	2014
10	马志先	学校青年教师讲课竞赛	二等奖	2014
11	梁若冰	学校青年教师讲课竞赛	二等奖	2015
12	马志先	学校教学质量奖	优良奖	2016

学生获奖统计

序号	获奖人	项目/论文/竞赛名称	获奖等级	获奖时间
1	邢天,胡治江,许豪伦,丁岚,蔡婕,孙星维	攀登杯科技竞赛	二等奖	2014
2	李润杰,苏州,杜雪莲	第十届攀登杯科技竞赛	三等奖	2014
3	郭达,史琦,许豪伦	第八届中国制冷空调行业大学生科技竞赛	三等奖	2014
4	许豪伦,陈洁,王天博,丁岚	第五届"北斗杯"全国青少年科技创新大赛	一等奖	2014

序号	获奖人	项目/论文/竞赛名称	获奖等级	获奖时间
5	许豪仑,陈洁,王天博,丁岚,蔡婕,张岩巍,王海强	第七届全国大学生节能减排大赛（5月份）	一等奖	2014
6	李威,王哲,赵帮健,刘馨璐,谢腾,董洁	第七届全国大学生节能减排大赛	二等奖	2014
7	许豪仑,陈洁,王天博,丁岚,蔡婕,张岩巍,王海强	第七届全国大学生节能减排大赛（8月份）	三等奖	2014
8	胡治江,王沛琪,闫琛	国际数学建模竞赛	三等奖	2015
9	燕慧宇,丛德源,唐健博	国际数学建模竞赛	三等奖	2015
10	王子涵	第二十四届人工环境工程学科基础知识竞赛	优秀奖	2016
11	王子涵	第九届全国全国大学生节能减排社会实践和科技竞赛	优秀奖	2016
12	曾港,曾昭乎,张冰	东三省数学建模竞赛	二等奖	2016
13	曾港,徐永强,张冰	国际数学建模竞赛	二等奖	2016

参考文献

[1] 姚炎祥. 哈尔滨建筑工程学院校史(1920—1985)[M]. 北京:书目文献出版社,1985.

[2] 马洪舒. 哈尔滨工业大学校史 (1920—2000)[M]. 哈尔滨:哈尔滨工业大学出版社, 2000.

[3] 《校史》编写组. 哈尔滨建筑工程学院校史(1985—1990)[M]. 哈尔滨:[出版者不详],1990.

[4] 殷平. 暖通空调专业教育史话[J]. 机电信息,2006(9):52-53.

[5] 哈尔滨工业大学建筑学院建筑热能工程系. 与祖国同行——哈尔滨工业大学暖通燃气专业 70 年(1949—2019)[M]. 哈尔滨:哈尔滨工业大学出版社,2019.

[6] 崔福义. 给排水科学与工程专业发展史记[M]. 北京:中国建筑工业出版社,2017.

[7] 吴德绳,李先庭,石文星. 德泽神州校企 心系华夏冷暖[M]. 北京:中国建筑工业出版社,2011.

后 记

本书在中国科学技术协会 2020 年度"学风建设资助项目"(XFCC2020ZZ002-08)支持和资助下得以完成和出版。吴雅玲、黄海成、毕嘉桐承担了书稿材料大部分的整理、编排、校对等工作,在此致以深深的谢意!

本书从筹划、汇编到成册历时一年有余。在编写过程中,得到了哈尔滨工业大学出版社、哈工大档案馆和博物馆,以及哈尔滨工业大学、同济大学、湖南大学、沈阳建筑大学、大连理工大学、西安建筑科技大学等高校众多教师和校友的大力支持。很多老先生、教师和业界同人提供了大量照片、文字等珍贵资料,如姚杨、王砚玲、周志刚、董建锴、郭骏、何钟怡、许文发、廉乐明、陆亚俊、马最良、孙德兴、邹平华、高甫生、刘鹤年、段常贵、郑茂余、董重成、严铭卿、艾效逸、金志刚、李猷嘉、黄箴、王飞、端木琳、李先庭、陈振乾、周志华、李峥嵘、卢军、李安桂、张兴慧、李念平、李海龙、刘益才、王劲柏、赵金玲、袁艳平、刘星、陈超、郝学军、黄凯良、郑雪晶、孔凡红、赵天怡、全贞花、康志强、吴琼等等。还有很多为本书编写做出贡献的单位和个人,在此不能一一列举。谨向为本书编写做出贡献的所有单位和人员表示衷心的感谢!

2021 年 8 月